国际精神分析协会《当代弗洛伊德：转折点与重要议题》系列

论弗洛伊德的
《一个被打的小孩》

On Freud's "A Child is Being Beaten"

（美）埃塞尔·S.珀森（Ethel Spector Person） 著

刘文婷 译

全国百佳图书出版单位

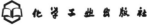

化学工业出版社

·北京·

On Freud's "A Child is Being Beaten"by Ethel Spector Person

ISBN 978-1-78220-039-0

ⓒYale University 1995，2013.

This edition published by KARNAC BOOKS LTD Publishers，represented by Cathy Miller Foreign Rights Agency，London，England.

Chinese Language edition ⓒ Chemical Industry Press 2018

本书中文简体字版由 Karnac Books Ltd. 授权化学工业出版社独家出版发行。

未经许可，不得以任何方式复制或抄袭本书的任何部分，违者必究。

北京市版权局著作权合同登记号：01-2017-5843

图书在版编目（CIP）数据

论弗洛伊德的《一个被打的小孩》/（美）埃塞尔·S. 珀森 （Ethel S. Person）著；刘文婷译 .—北京：化学工业出版社，2018.10（2024.9重印）

（国际精神分析协会《当代弗洛伊德：转折点与重要议题》系列）

书名原文：On Freud's "A Child is Being Beaten"

ISBN 978-7-122-32728-4

Ⅰ.①论… Ⅱ.①埃…②刘… Ⅲ.①弗洛伊德（Freud, Sigmmund 1856-1939)-精神分析-研究 Ⅳ.①B84-065

中国版本图书馆 CIP 数据核字（2018）第 169803 号

责任编辑：赵玉欣　王新辉　　　　　　　装帧设计：关　飞
责任校对：宋　夏

出版发行：化学工业出版社（北京市东城区青年湖南街 13 号　邮政编码 100011）
印　　装：北京建宏印刷有限公司
710mm×1000mm　1/16　印张 13　字数 196 千字　2024 年 9 月北京第 1 版第 5 次印刷

购书咨询：010-64518888　售后服务：010-64518899
网　　址：http://www.cip.com.cn
凡购买本书，如有缺损质量问题，本社销售中心负责调换。

定　　价：59.80 元　　　　　　　　　　　　　　版权所有　违者必究

中文版推荐序

PREFACE

　　这套书的出版是一个了不起的创意。 发起者是精神分析领域里领袖级的人物，参与写作者是建树不凡的专家。 在探索人类精神世界的旅途上，这些人一起做这样一件事情本身，就是一个奇迹。

　　每本书都按照一个格式：先是弗洛伊德的一篇论文，然后各领域的专家发表自己的看法。 弗洛伊德的论文都是近百年前写的，在这个期间，伴随科学技术的日新月异，人类对自己的探索也取得了卓越成就，这些成就，体现在一篇篇对弗洛伊德的继承、批判和补充的论文中。

　　如果细读这些新的论文，就会发现两个特点：一是它们都没有超越弗洛伊德论文的大体框架，谈自恋的仍然在谈自恋，谈创造性的仍然在谈创造性；二是新论文都在试图发掘弗洛伊德的理论在新时代的新应用。 这两个特点，都反映了弗洛伊德的某种不可超越性。

　　紧接着就有一个问题，弗洛伊德的不可超越性究竟是什么。 当然不可超越有点绝对了，理论上并不成立，所以我们把这个问题改为，弗洛伊德难以超越的究竟是什么。 答案也许有很多种，我的回答是：弗洛伊德的无与伦比的直觉。

　　大致说来，探索人的内心世界有三个工具。 第一个工具是使用先进的科学仪器，了解大脑的结构和生化反应过程。 在这个方向，最近几年形成了一门新型的学科，即神经精神分析。 弗洛伊德曾经走过这个方向，他研究过鱼类的神经系统，但那时总体科技水平太低下，不足以用以研究复杂如大脑的对象。

第二个工具是统计学，即通过实证研究的大数据，获得关于人的心理规律的结论。各种心理测量的正常值范围，就是这样得出的。目前绝大部分心理学学术期刊的绝大部分论文，都是这个方向的研究成果展示。同样地，在弗洛伊德时代，这个工具还不完备。

第三个工具，也是最古老的工具，即人的直觉。直觉无关科技水平的高低，而关乎个人天赋。斯宾诺莎说，直觉是最高的知识，从探索的角度说，它也是最好的工具。弗洛伊德的直觉，有惊天地泣鬼神的魔力；他凭借直觉得出的那些结论，一次次冲击着人类传统的对人性的看法。

我尝试用弗洛伊德创建的理论，解释直觉到底是什么。直觉或许是力比多和攻击性极少压抑的状态，它们几无耗损地向被探索的客体投注；从关系角度来说，直觉的使用者既能跟被探索者融为一体，又能抽离而构建出旁观者的"清楚"；直觉还可能是一种全无自恋的状态，它把被探索者全息地呈现在眼前，不对其加以任何自恋性的修正，或者换句话说，直觉"允许"其探索的对象保持其真实面孔。这些特征一出来，我们就知道要保持敏锐而精确的直觉是多么不容易。

精神分析建立在弗洛伊德靠直觉得出的一些对人性的看法基础上。让人觉得吊诡的是，很多人在使用精神分析时，却是反直觉的。他们从理论到理论，从一个局部到另外一个局部，这显然是在防御使用直觉之后可能产生的焦虑：自身压抑的情感被唤起的焦虑，以及面对病人整体（直觉探索的对象是呈整体性的）而可能出现的失控的焦虑（整体过于巨大难以控制）。在纯粹使用分析方法的治疗师眼里，病人只是一堆零散的功能"器官"。所以，我经常对我的学生强调两点：一是在你分析之前、分析之后甚至分析之中，都别忘了使用你的直觉，来整体地理解病人的内心；二是把"人之常情"作为你做出一切判断的最高标准。后者其实也是在说直觉，因为何为"人之常情"，也是使用直觉后才得出的结论。

本丛书的编撰者精心挑选了弗洛伊德的五篇论文。这些论文所论述的问题，对我们身处的新时代也有重要意义。弗洛伊德曾经说，自从精神分析诞生之后，父母打孩子就不再有任何道理。在《一个被打的小孩》一文中，详尽描述了被打孩子的内心变化，相信任何读过并理解了弗洛伊德的观点的人，会放下自己举起的手。遗憾的是，在我们的文化土壤上，在精神分析诞生了118年（以《释梦》出版为标志）后的今天，仍然有人把"棍棒底下出孝子"视为育儿圭臬。

《创造性作家与白日梦》论述了创造性。目前的大背景是，中国制造正在转型为中国创造，这俨然已是国家战略最重要的一部分。但是，与此相关的很多方面都没有跟上来。弗洛伊德，以及该论文的评论者会告诉我们，我们实现国家梦想需要在何处着力。

在《群体心理学与自我分析》中，弗洛伊德论述了群体中的个体智力下降、情绪处于支配地位、容易见诸行动等"原始部落"特征，明眼人一看就知道，对这些特征的警惕，事关社会基本安全。

《论自恋》把我们带到了一个人类心灵的新的开阔地，后继者们在这片土地上建树颇丰。病理性自恋向外投射，便形成了千奇百怪的人际关系和社会现象。理解它们，有利于建构更加适宜子孙后代居住的精神家园。

《移情之爱的观察》讲述了一个常见的临床问题，但又不仅仅是一个临床问题。它相当靠近终极问题，即一个人如何觉察和摆脱过去的限定，更充分地以此身此口此意活在此时此地。

在本书众多的作者中，我看到了一个熟悉的名字：哈罗德·布卢姆（Harold Blum）教授。他1997年到武汉旅游，参观了中德心理医院，到我家做客，我还安排了一个医生陪他去宜昌看三峡大坝。一直到9·11事件前后，我们都偶有电子邮件联系，再后来就"相忘江湖"了。专业人员不是相遇在现实，就是相遇在书中，这是交流正在发生的好现象，毕竟，真正的创造，只会发生在不同大脑的碰撞之中。

希望中国的精神科医生都读读这本书。我从不反对药物治疗，但我反对随意使用药物。医生们读了本书就会知道，理解病人所带来的美感，比使用药物所获得的控制感，更人性也更有疗愈价值，当然也更符合医患双方的利益。 一个美好的社会不是建立在化学对大脑的改变上，而是建立在"因为懂得所以慈悲"的基础上。

稍改动一位智者的话作为结尾：症状不是一个待解决的问题，而是一个正在展开的谜。

曾奇峰
2018 年 5 月 31 日于洛阳

前　言

FOREWORD

　　论弗洛伊德的《一个被打的小孩》是国际精神分析协会《当代弗洛伊德：转折点与重要议题》系列的一个重要的分册。 本系列是由时任国际精神分析协会主席的罗伯特·沃勒斯坦组织发起，目的在于促进精神分析不同领域间的交流。

　　本系列的每个分册都采用统一的写作方法：开篇先呈现弗洛伊德的经典文本，然后由杰出的精神分析学者和理论家对该文本进行讨论。 每位讨论者首先概述弗洛伊德原文本的重要贡献和深远影响，澄清其中不明确的概念，然后也是最重要的，讨论者会以他们自己的教学或思考方式整理出弗洛伊德原文本中的重要思想与当代议题之间的发展脉络。

　　按照惯例，弗洛伊德的论文及参与评论的作者是由国际精神分析协会出版委员会选定。 本分册因为时间限制，我们对弗洛伊德论文挑选的程序做了调整——我们跳过了征求顾问建议的步骤，而要求国际精神分析学会行政委员会给予提议，他们提议清单中的三篇论文再提交给顾问成员并要求成员依喜好选出。《一个被打的小孩》高票获选。 我要特别感谢顾问成员，因为他们不仅确定了具有转折意义的弗洛伊德论文文本，而且从世界各地的精神分析师中推荐了他们认为最适合讨论《一个被打的小孩》的精神分析师。他们选择之明智，会在接下来的章节中不证自明。

系列书的每一个分册都首先以英语出版，此后被翻译成国际精神分析协会的其他三种官方语言，即法文、德文与西班牙文。此外，该系列也在意大利发行。

感谢国际精神分析协会行政主管瓦莱丽·塔夫内尔（Valerie Tufnell）及出版管理专员贾妮丝·艾哈迈德（Janice Ahmed），她们做了大量细致的统筹工作，并一直耐心和善意地协助我们处理各种困难，没有她们如此宏大的国际出版不可能完成。感谢我的行政助理琳达·达涅尔（Linda Dagnell），她承担了手稿誊写、修订更新、检查参考书目及记录截稿期限等事务。特别感谢耶鲁大学出版社的编辑格拉迪斯·托普基斯（Gladys Topkis），没有她从项目策划之初就参与进来以及全程的不懈努力，该系列不可能成功问世，她是一位优秀的精神分析爱好者、支持者与朋友；而且，在我看来，她是这十年间伟大的精神分析出版者之一。也要感谢谢格拉迪斯的行政助理詹尼斯·贝克（Janyce Beck），感谢她在此书出版过程中给予的支持；还要感谢简·扎尼希科夫斯基（Jane Zanichkowsky）专业、细致的编辑。

埃塞尔·S. 珀森（Ethel Spector Person）

目录

CONTENTS

导　论

埃塞尔·S. 珀森❶（Ethel Spector Person）

尽管我们对快乐的追寻是不证自明的，然而通过痛苦折磨的方式追求快乐似乎是不可思议的。弗洛伊德在《一个被打的小孩》一书中极力想处理的就是在理论上如何将快乐与痛苦连结的问题。杰克·诺维克（Jack Novick）与克里·K. 诺维克（Kerry Kelly Novick）观察到弗洛伊德在他每一次主要的理论变革中都努力将施受虐癖概念化，从此可以看出施受虐癖现象在精神分析中有多么重要。在《一个被打的小孩》一书中，弗洛伊德探索了小孩的挨打幻想、其转变阶段、角色转换，以及男孩和女孩在幻想发生顺序和意义上的差异。

弗洛伊德认为，对女孩来说，"一个正在挨打的小孩"幻想会呈现分三个阶段的顺序：①幻想者看见她的父亲殴打的是作为其竞争者的另一个小孩；②她被父亲所殴打；③父亲的代替者（比如老师）在幻想者在场的情境下殴打小孩（通常是男孩）。第三个阶段同第一个阶段一样，幻想者以旁观者而非参与者出现。尽管第一与第三个阶段的幻想是意识上所能记得的，但第二个阶段则非如此。通常是第三个阶段伴随性唤起。最后，弗洛伊德推想挨打幻想浓缩了这个女孩基于乱伦愿望而对施罚者父亲的贬低了的生殖器爱恋。相反地，在男孩身上，弗洛伊德假定只有两个阶段。意识幻想是被母亲（或其他女性）所殴打，无意识幻想则如同女孩一般是"我被父亲所殴打"。因此，弗洛伊德认为男孩的挨打幻想由类似于女孩的对父亲的性欲爱所激发，但并没有描述男孩的类似女孩第一阶段的表现。

更通俗地说，弗洛伊德通过"小孩正在挨打"的幻想来探索幻想的产生与结构、发展的顺序，以及在意识与无意识幻想间的互动，并将受虐癖与性倒错现象纳入延伸讨论中。

这本书的作者们清楚地展现了受虐癖与施虐癖在治疗与理论的前景中仍然保有重要的地位。但作者们对挨打幻想本身是否在今天仍然普遍，则仍有歧义。有些人观察到在他们的病人中，这样的幻想有着某种程度的规律性，而其他人观察到只有极少部分病人像弗洛伊德所描述的那样，理论推测这是因为，弗洛伊德的病人由于目睹了当时学校里常见的体罚，而将潜在的受虐幻想以"正在挨打的小孩"的形式在意识中呈现。但没有任何一位作者质疑过受虐幻想以性或其他形式持续出现的普及率。受虐幻想的普及率或许可以用《精神疾病诊断与统计手册》（*Diagnostical and Statistical Manual of Mental disorders*，DSM-Ⅲ）来清楚地检视，其表明"对性受虐癖的准确诊断，仅能由个案涉入受虐的性活动来确立，而非仅是幻想即可"。这并非其他如同恋物癖、包含虐待癖的诊断要求（这即使在 DSM-Ⅳ 也非必要条件）。受虐幻想是如此的普及，以至于诊断病人若仅基于幻想，便会有过度标签化之嫌，而或许单就对受虐幻想（此指对立于受虐性倒错）而言，它并不必然是某人童年经历事件的结果，而可能深植于身而为人的样态中。

弗洛伊德的文本特别证明了时至今日仍被激烈争辩的议题，即在受虐性倒错与施虐的病理特质中，真实发生的殴打及其他形式的虐待的病因学重要性。我们对儿童性与身体上虐待的认知，以及对婴儿经验与在情绪发展历程中的内在客体关系的了解日益丰富，因而对病因产生了有分歧的观点。部分分析师放弃相信无意识冲突或生理上的先天因子是受虐癖的主要病理成因，而偏爱急性或累积的创伤是主要致病因素的新观点。结果，究竟是不是如弗洛伊德所言的，受虐幻想主要是一个自动产生的幻想（或冲突的愿望）的产物，还是大部分由真实事件所引发，而后被遗忘，以及如何去区分这些可能性的技术问题，是治疗者与理论学家目前的重要议题。相似地，治疗者现在也必须评估一个表述的受虐记忆是否是真实事件的记忆、幻想的产物，还是被植入的记忆。值得一提的是，在 1919 年，弗洛伊德开始细致地考虑记忆与幻想之间的关系与外在诱发因子是如何决定幻想的意识形态的。

《一个被打的小孩》不仅与现今理论与技术上的问题相关，而且我也相信，它提供了一个可以尝试将部分现今文化潮流加以概念化的模式（这本书的标题仅能轻微碰触到此点）。我们生活在施受虐幻想（也许同样还有施受虐行为）逐渐成为主流的时代。尽管施受虐幻想与行为在今天并没有更常见，但它们的确仍频繁地被讨论、分享，或公开地施行。

这样的文化潮流在异性恋者、男同性恋者、女同性恋者间被记载，但第一次在 20 世纪 70 年代的同志皮鞭与 SM 酒吧中公开地成为显学。弗兰克·布朗宁（Frank Browning, 1942：82）在 20 世纪 70 年代提到，旧金山南市场区是"居住在世界上皮鞭虐待与 SM 酒吧最大的聚集地"。当时艾滋病研究者开始探索同性恋欲求的多种表达方式，"他们惊讶地发现这些男人真的在乳头上串着金属链并拉扯着，睾丸因皮制束带而扭转，嘴里塞着不知名人士的阴茎，同时从肛门被塞入拳头与前臂，甚至到了可以感觉到心脏跳动的程度"。艾滋病的流行，在本质上开启了许多异性恋者的视野，对同志世界中施受虐行为的逐步加剧与公开的表现有了更多的了解。

但施受虐癖并非只是同性恋者的权利。布朗宁提到 CBS 主播对 SM 店主的访谈，并发现在店里，90％从事这种同性恋施受虐行为的，其实是异性恋者。同性恋者与同志间的区别或许跟这些行为的公开程度较有关，而非盛行的程度。有组织的异性恋者与女同志的 SM 社群，在过去二十几年中逐渐浮上台面。20 世纪 80 年代，女同志间的 SM 团体带给女性主义一个奇特的挑战：女同志的 SM 团体宣称 SM 性活动正得到解放，这与持 SM 情色刊物是反女性观点的传统女权主义者产生了公开的政治冲突（见 Faderman，1991）。

众所皆知，随着文化宽松程度的摆荡不定，性活动在不同程度上被压抑或被允许表达。文化评论家正以各种方式探索日益普遍的公开施受虐活动现象的文化背景。但对其所引涉的图像与传播性，我们的确了解到一些事情。在苏珊·桑塔格（Susan Sontag）于 1974 年所写的短文《迷人的法西斯主义》（*Fascinating Fascism*）中提及"主人与奴仆间的关系，在意识的美学上是无人能及的，萨德（Sade）曾经用惩罚来装点他的戏剧：因撕抓而欣悦、即兴的装置与服装和亵渎的仪式。现今这个施虐的场景几乎耳熟能详。黑暗的色调、皮革的质感、美丽的诱感，借口是坦率的，目标是癖喜，而幻想则是死亡"［Susan Sontag，1980（1974），105］。桑塔格（Susan Sontag，1980）将注意力集中到法西斯主义的服饰上：皮革、纳粹钢盔、钢制项圈、帽子与铁链——被施受虐的性征召使用，特别是在同性恋中。但这些道具并不仅限于 SM 的同性恋者，同时这些事物也成为许多机车骑士所选择的标志。施受虐的图像通过融入 20 世纪 70 年代露骨色情影片中的惯用情节，诸如黑色的皮革镶上钉子、带刺马靴等，以及暗含着施受虐互动的时尚图片以走进社会大众的视野中。

在我们的文化当中，当代具有施受虐血统的近亲是被建构为"身体形塑"运动的活动，这不仅包含了现今夸张的身体刺青与穿洞，也包含了紧身束衣、烙印与用刀所划的痂口（Leo，1995）。首次身体穿刺是在同志社群中出现的，但接着被如纽约、旧金山等大城市的朋克摇滚人接受，并在时尚模特界成为风潮。相反地，刺青刚开始出现于机车骑士族群。尽管一些年轻的参与者可能仅仅是顺应潮流，尝试着想表现自己的"坏"，但这些身体形塑的象征意义对他们而言仍然存在。举例来说，对身体穿孔的意象，象征着性奴隶且在某些时候提供了一些特殊的受虐乐趣。当我的一位心理学教授朋友询问一个女研究生为什么要装上唇环时，她毫不犹疑地回答道："为了愉悦感。"

现今许多文化作品中将施受虐元素置于主要地位，而非从属地位。1967 年，《美好的日子》（*Belle de Jour*）这部电影上映时，震惊了世人（因其在诸多心理学文献面世前便指出了儿童时期性虐待与受虐癖的关系）。尽管《美好的日子》仍是一部高品质的电影，但随着当今直接深入地描述施受虐性爱和感情关系的电影和小说的大量涌现，这样的震惊随风而逝。在英语世界里，举例而言，如电影《蓝丝绒》（*Blue Velve*：*Basic Instinct*）、《厨师、大盗、他的太太和她的情人》（*The Cook*，*The Thief*，*His Wife and Her Lover*）、纪录片《科伦坡》（*Crumb*），或如霍梅斯（A. M. Homes）的《爱丽丝之死》（*The End of Alice*）以及苏珊娜·摩尔的《最后的刺痛》（*In the Final Cut*）等小说中比比皆是。

我甚至想谈谈我们经常可以在当代作品中看到的现象，即自封为幸存者并克服各种苦难的人，这已经成为最重要的英雄主义脚本。的确，这种幸存者的故事（当然，像集中营或其他大灾难的幸存者的真实故事是除外的）经常隐瞒了一种内在受虐的本质，一种透过受难而来的救赎。

弗洛伊德对幻想层次的描写，表现了当代事件与文章如何为意识到的施受虐幻想提供素材，而现实刺激为无意识层面的愿望和幻想提供意象。因此， SM 性爱和高调宣扬法西斯主义的摩托帮派会广泛地渗透至普通大众心中。弗洛伊德对挨打幻想的第三个阶段的描写，因目睹其他两个人涉入施受虐的遭遇而被唤起，因此暗示了许多人虽然并未涉入施受虐的性倒错，但仍可能以如同窥视者般被拉入 SM 场景之中，或如你愿意的话，将成为与其同行者。我们其中一位撰文者阿诺德·莫德尔（Arnold Modell）将意识中挨打幻想与无意识中受虐幻想间的关系类推到显性梦和隐性梦的思考中：在弗洛伊德的"样本"（specimen）幻想（挨打幻想）中，如弗洛伊德提出的，日间残余是由经历或目睹殴打臀部（用藤条），或阅读例如《汤姆叔叔的小屋》（*Uncle Tom's Cabin*）这类文学作品组成。尽管今日的"样本"幻想已然不同，但底下的幻想大部分仍保持一致。

在先前已为人熟知的著作中，评论者将《一个被打的小孩》这一篇章置于两种历史视角：个人的与理论架构的。在第一次世界大战期间（1914—1918），弗洛伊德的个人生活被对其家族的关怀所占据，特别是对其身为士兵的儿子们的关怀，害怕无法维持足够的支援。从专业上来说，他在受虐癖本质的理解的尝试上亦碰到了绊脚石。但《一个被打的小孩》不像我们系列中其他讨论到的论文，而是自成一个独特的篇章。如同帕特里克·J. 马奥尼（Patrick Joseph Mahony）观察到的，在此文本中描述的六个临床个案有两个为人所知的形象——不仅包括了狼人，也有弗洛伊德的女儿安娜。许多评论家表示安娜的分析穿插于弗洛伊德的文本，并特别指出对挨打幻想的发掘是她治疗的核心。许多人也注意到安娜·弗洛伊德的论文《挨打幻想与白日梦》（*Beating Fantasies and Daydreams*）（为符合会员资格而于 1922 年发表于维也纳学会）就如同其父亲的论文，几乎肯定是根植于她自己的被分析经验，因为直到撰文前她都没有见过其他病人（Young-Bruehl，1988）。一些评论者明确地提出这对著名父女的分析以及各自对理论的不同演绎是基于特定移情-反移情关系的，且或许这个分析本身就构成了施受虐的行动化（enactment）。

当十个评论者回顾弗洛伊德同一篇论文并试图追溯弗洛伊德的想法（尽管这些想法至今已逐渐演化）时，不可避免地会有一些重叠。但是每个评论者强调了弗洛伊德文献中的不同部分，以及他之后对受虐癖的公式化所采取的不同方向，每个人都在不同理论架构下聚焦于弗洛伊德的重要主题在今日的表达方式。

杰克·诺维克 （Jack Novick）与克里·K. 诺维克（Kerry Kelly Novick）在公开的评述中提到，在《一个被打的小孩》中包含了大量的想法足以提供充裕的理由再去探究其深度。这些包含了弗洛伊德对幻想的核心主张："作为内在与外在经验的整合者""幻想的转化与变换""俄狄浦斯情结的核心构成了神经症"等。诺维克夫妇（Novicks）指出弗洛伊德十分强调后俄狄浦斯发展（post-oedipal development）和想法的不协调性作为压抑的动机的重要性。

他们亦展现了1919年这篇论文对关键观点的更好的表述方式，例如，施受虐的自恋成分，以及在1924年此主题的论文中，强调客体关系与孩童因弟弟或妹妹的出生而被降格所造成的自恋性创伤："从他们想象中全能的天堂里被一击而下。"因此，弗洛伊德提到了竞争与愤怒点燃了女孩挨打幻想的第一个阶段：她的喜悦与一个情境相关，即父亲殴打她憎恨且为竞争者的小孩。弗洛伊德也展现了无意识的挨打幻想如何影响人格特质，这通常导致之后生活中出现面对权威的问题（authority problems）。

但弗洛伊德对于施受虐癖起源的基本理念随着时间而转变。其后，他提出情欲受虐癖是原发性的，而非施虐癖转向自身；但他仍引述内疚感与被惩罚的需要是受虐癖的中心机制。就如同诺维克夫妇（Novicks）所提："弗洛伊德发现解决施受虐癖理论问题的两种解答就是将发展上的序列延伸到两端，即往回延伸至有着原发性受虐癖的口腔期与向前延伸到有着结构模型中的施虐超我（sadistic superego）与受虐自我（masochistic ego）的婴儿时期末期。"

弗洛伊德在1919年的论文中提到"关于记忆运作的基本论"。女孩挨打幻想的第二阶段是第一阶段"我被父亲所殴打"的变形，但这个时期一般来说与其说是被回忆起，不如说是被重新建构出来。因此，根据弗洛伊德所言："基本上……这根本从未真正存在过。"根据诺维克夫妇（Novicks）的记录："弗洛伊德强调复杂性、可塑性和记忆的倾向性属性是心理学界和精神医学界对恢复性记忆的可靠性争议的核心。"

第三阶段的幻想通常在现实因素的刺激下发生，如阅读《汤姆叔叔的小屋》或目睹在学校的体罚。在这样的幻想中，老师（或其他父亲的代替品）在幻想者的注视下殴打小孩，这个幻想通常伴随着性的兴奋。在此，弗洛伊德利用了事后性（Nachtraglichket）的理论来解释幻想的转换如何发生。因此，弗洛伊德提出了一个在转换模式中的发展性架构和"一个在挨打幻想不同阶段临床现象描述中的记忆和幻想的复杂转换模式"。

诺维克夫妇通过自己收集的数据资料，确认了弗洛伊德对男性与女性不同点的观察。他们确认了短暂时期的挨打幻想可以是"女孩正常后俄狄浦斯情结发展"的一部分。但一个"成为了孩童性心理生活中永存部分"的固着的挨打幻想，表明两性中的一些受虐狂的病理（这样的区别或许可以类推到有时候一个在女孩身上短暂出现的非病理状态的阴茎嫉羡与被认为是病态的固着的阴茎嫉羡阶段之别）。

诺维克夫妇也讨论了弗洛伊德 1919 年的论文的局限性，即对于受虐癖的起源，在两性中都会起作用的前俄狄浦斯母亲角色的重大忽略。弗洛伊德错误地将女性特质（femininity）、被动性（passivity）与受虐癖放在等式中，而诺维克夫妇的实证研究无法展现这样的关系。不过这篇 1919 年的论文是弗洛伊德唯一一篇利用女性而非男性作为模型来理解发展的论文。

帕特里克·J. 马奥尼（Patrick Joseph Mahony）指出弗洛伊德这些文本值得我们重视，因其包含了弗洛伊德对于情欲幻想阶段转换的详尽探究，对于导致压抑动机最详细的解释，是弗洛伊德认识到关于男孩、女孩的不同发展线路的分水岭，并提出了成为其后续理论中继站的关于受虐癖次发性的解释（Freud，1924）与发现超我的前兆（Freud，1923）。

马奥尼注意到无意识幻想的"分类学"以及它们的衍生论点还需要"起草"。他提到施受虐癖的自慰幻想与挨打幻想都是潜在受虐幻想的"亚型"。马奥尼质疑为何挨打幻想对某些病人而言仅是旁枝末节，而对其他病人则是核心，无论是持续的无意识极大地影响了人格朝向施受虐方向发展，还是持续的意识化影响了人格朝向施受虐方向发展的（有些个案中会付诸行动）。他回顾了文献中关于殴打行为，灌肠（enemas）对挨打幻想可能有影响——或缺乏影响——的证据。他相信在一些明显身体受虐癖的个案，很有可能在童年期曾遭到真实挨打，或与阳具母亲有前俄狄浦斯期问题。

马奥尼研究中最特别的地方是他的文本分析。他强调从文章标题《一个被打的小孩》传递而来的被动性。他是我们众多持弗洛伊德对安娜的分析构成一种行动化这一观点的作者的其中一位。证据在于，他引用了弗洛伊德自己的标题："在文法上，这标题的现在进行时态隐喻着弗洛伊德对女儿畸形的诱惑与虐待。弗洛伊德在过程中象征地殴打她，并合成了她的挨打幻想。"他也记述了许多在弗洛伊德文本中的矛盾之处，这可能与他作为安娜的治疗师的妥协位置有关。

马奥尼也将一些弗洛伊德文本中"值得关注的被遗忘的意见"整理分类。其中"弗洛伊德的及时提醒却也很容易被遗忘的内容，即对天生同性恋的确认并不能根植在由于失忆症而无法追溯到六岁前生活的回忆所限制的性倾向的记忆上"。弗洛伊德也发现自恋牵扯到施受虐癖，并把挨打幻想与被迫害现象连结。而且弗洛伊德坚持认为在神经症中对自慰的内疚感与孩童时期的活动有关，而非青年期的活动。

阿诺德·莫德尔（Arnold Modell）通过他独特的解读，同样也带给了我们阅读弗洛伊德文本的洞识。在他的实践中，他说，他鲜少遇到挨打幻想，但他经常观察到女性的自慰幻想——有时候是强制性的——幻想者因此而感觉到被羞辱、被控制与被贬抑。莫德尔认为，如果病人把屈辱幻想性欲化，病人就可以"在自我掌控的范围中"引入耻辱感。他认为性倒错的核心在于对痛苦情感的性欲化。此外，当到了一个人对自己强制性地维持性幻想时，其他人就被排除在外了。因此，自相矛盾的是，想屈服的愿望表现在幻想中，但却又保有这个幻想使之提供"一条在他人面前仍然孤独的道路"。

莫德尔质疑内疚感依附到受虐幻想上，是否"如同弗洛伊德所描述的是一致性的乱伦"。他提出了另外一种可能性：内疚感或许是一个"原始或基本（primitive or elemental）"幻想的产物。"这种基本的经验如同下面所述：当某些好的东西被身体／自体所摄入，它就'完全消失'并不再被其他家族成员所获得。对有些人而言，拥有某些好的东西——也就是说拥有某些令人愉悦的东西——意味着其他人被剥夺甚至被耗尽。"当莫德尔辨别出作为孩子的被损坏的母亲他者，他认为这个孩童需要获得母亲的允许来体验快乐。如果她无法借由沟通来给予许可，"那么这个样本幻想就可以被认为是一种症状，其中有一种妥协形成——对性愉悦的追求必须要由羞辱带来的痛苦所否定掉"。因此，对莫德尔而言，包含羞辱幻想在内的受虐幻想是更复杂且在产生过程上更难理解的，而其多样性比弗洛伊德文本所提及的更加宽广。

莫德尔（Modell）提出了他的疑问，即挨打幻想的第二阶段："从来没有被记起过……从来没有成功地来到意识层面"或许意味着什么。他问弗洛伊德是否意指被父亲所殴打的乱伦幻想是一个"原初幻想"（primal fantasy）。他指出在这篇论文中，弗洛伊德引入了关于内疚感是将本能施虐癖转换成受虐癖的机制的观点。莫德尔就如同我们其他的作者一样质疑弗洛伊德此篇论文的发表是否呈现出了一种"弗洛伊德与他女儿合谋的行动化"。

伦纳德·什格尔德（Leonard Shengold）是一位对增进大众对肛欲情欲（anal eroticism）与灵魂谋杀（soul murder）的了解做出卓越贡献的评论家，他对《一个被打的小孩》的研究中强调了攻击对了解施受虐癖的重要性。正如他所坚持的，俄狄浦斯情结不仅牵扯到性，也牵扯到了谋杀。什格尔德将"超越快乐原则"的心灵领域作为"不合逻辑的、自我摧毁的谜团，它是通往了解人类攻击现象——谋杀与食人——的幽暗小径，不仅指向他人（在此，它们有时可以有防卫和适应的意义），也向内转向自身，与我们所坚持的本能自我保存的动机假定相反"。他也强调了施受虐癖的前俄狄浦斯期前驱。

什格尔德提到挨打幻想在被真实殴打的孩童与从未有过类似经验的孩童身上都可以观察到。关注到目前在神经学与心理学上已被接受的关于"记忆的多变本质"的观点，他总结道，对过去个人历史真相的还原，"在我们不可能的职业里，是不可能的目标"。

什格尔德考虑到弗洛伊德的主要关注点在女孩的挨打幻想上，因此他提出了具有重要意义的、可以体现挨打幻想在起源和功能上的差异的两个个案和一个男性的传记。他特别强调了分离的作用，分离激发的暴怒作为受虐幻想起源的有力因子，而幻想的功能则是为了试图稳定客体关系。他在关于病人 C 的片段中，展现了病人 C "被诱发的受虐癖是如何用来抓住他预期会失去的父母的——特别是如何从与这些预期相关的毁灭性愤怒中将他们保存下来"。病人 D 说明了施受虐幻想是如何影响移情关系的，特别是从俄狄浦斯冲突中的退行性撤离，如何延伸为肛门力比多退行至口腔融合的愿望，冒着失去认同与失去自体的风险。就像什格尔德所评述的："危险的事物同时也是渴求的事物——自恋退行防御之陷阱。"

什格尔德展示了一些关于诗人阿尔杰农·斯温伯恩（Algernon Swinburne）生平的有趣资料，其人生与著作为弗洛伊德与安娜·弗洛伊德的洞见提供了佐证，"符合"挨打幻想是乱伦渴望的退行性替代物的观点。从未结婚的斯温伯恩与其室友形成了主仆关系，尽管可能没有性行为。什格尔德指出，在斯温伯恩写作时偶尔表现出将自己假定为男学生（经常提及鞭打）的倾向中，他表现出一种"无意识的亲子认同"（parent-child identification）。传闻，斯温伯恩经常拜访提供女性鞭打的性服务的妓院。埃德蒙·威尔逊（Edmund Wilson）对在危险水域游泳的描写也引起斯温伯恩的兴趣："他享受被'心爱的伟大母亲'无情地痛殴与殴打。"斯温伯恩的表现似乎也证实了弗洛伊德对受虐癖男性有被女性殴打的幻想的观察。虽然弗洛伊德会说在无意识的层面上，父亲人物潜伏在母亲之后，但什格尔德认为关于双亲有很多层次的意义（有充足的临床和文化证据表明，一些男性有意识地渴望被女性殴打，有些渴望被男性殴打，有些渴望被两性殴打）。什格尔德援引查舍古特·斯密盖尔（Chasseguet-Smirgel）的见解："肛门施受虐现象可以旨在否认两性及世代之间的差异。"

就如同什格尔德一样，马尔西奥·德·F. 乔瓦尼（Marcio de F. Giovannette）将查舍古特·斯密盖尔（Chasseguet-Smirgel）的洞见很好地运用在倒错上。尽管他相信倒错的核心是乱伦，他强调对于必死性（mortality）的发现（及无法与之达成协议）与倒错的产生紧密相关。

乔瓦尼表示，弗洛伊德的著作必须在全部文本的架构下阅读，因为每篇文章都是"在漫长旅程中的一次停泊，这个旅途代表着一位人类伟大思想家的联想链条"。乔瓦尼提到了梅尔策（Meltzer）对弗洛伊德两个主要创作时期（1899—1944、1919—1922）的观察。对乔瓦尼而言，这一改变并非是弗洛伊德从地形学理论到结构理论，或是从对性与自我本能的强调到对生与死之本能强调的改变。乔瓦尼主张，第二时期更确切地说是从当弗洛伊德克服了他对必死性角色的思考的阻抗时开始的。此外，他将《一个被打的小孩》视为"所有弗洛伊德作品中最刺激的、令人惊慌失措的、最困难的作品之一"。弗洛伊德的新的概念性幻想是"由婴儿记忆（infantile memories）、婴儿性理论（infantile sexual theories）、原初场景（primal scene）、俄狄浦斯情结（Oedipus complex）、阉割情结（castration complex）、阳具（phallus）与快乐（快乐：此处显示了它最阴暗的一面）编织而成的"。乔瓦尼借此意指经由一个人的初始与终点来认识到自我知识的局限性。他相信直到1919年弗洛伊德克服其阻抗后，其文本中关于好奇、诞生、俄狄浦斯竞争、占有与妒忌这些主题才变得更加明显，才出现了强调性欲阴暗面，即性倒错与死亡的伟大作品。乔瓦尼相信，在《超越快乐原则》（*Beyond the Pleasure Principle*）一文中，弗洛伊德承认了死亡的中心地位。在发现世代之间的差异后，孩童直面其必死性。就乔瓦尼的观点，孩童必须接受这样的观点，即等待他的是繁衍，由此他将面对最终的命运；若非如此，孩童就会建构出一个倒错的幻想和世界。乔瓦尼将"正在-被-打-的孩子"（child-is-being beaten）的时态比拟无意识的时态，其本身包含着对过去与将来的否认。

因此，对乔瓦尼来说，就如同对查舍古特·斯密盖尔（Chasseguet-Smirgel）来说的一样，倒错的核心在于对不同性别与不同世代间差异的否认。他认为在倒错结构的根部，"对知识的拒绝，就是人类发现既构成其自身伟大之处又成为巨大限制的事物的结果——那事物就是情欲与必死的身体"。

琼·M. 奎诺多兹（Jean-Michel Quinodoz）的虚拟研讨会为一个人如何传达一个真实教学性的研讨提供了模范性的示范。他通过将弗洛伊德的论文放在他的"真实"外在世界的背景中开始——第一次世界大战的"黑暗"岁月，但更重要的是放在他对女儿安娜进行分析的背景下。引用普拉格（Pragier）与福尔·普拉格（Faure Pragier）的理论，奎诺多兹提到："弗洛伊德通过重新引入一个真正的、解剖结构上的女性力比多发展，且使阴茎嫉羡成为其主要因子，他是为在安娜·弗洛伊德的两段分析中自己未解决的俄狄浦斯情感而辩护，并从而否认了他身为父亲的内疚感。"［同时在《否认》（*Negation*，1925）这篇论文中引入了否认的理论概念。］即便如此，奎诺多兹仍强调《一个被打的小孩》的重要性，原因在于这是弗洛伊德对受虐癖、倒错的本质与双性特质进行概念化的开端。他也把弗洛伊德开始了解幻想结构的研究视为此论文的优点。

特别有趣的是，他对四个个案的讨论，更新了我们对于受虐癖与倒错的观念。较诸其他的撰文者，奎诺多兹融入了克莱茵学派的重要观点，特别是他强调了分裂（splitting）在倒错中的重要角色。他记述了在克莱茵学派的观点中，倒错是如何通过"多重的分裂导致心理碎片化（psychic fragment-ation）的重要特征，以及……在强烈的投射性认同中全能感所扮演的角色"。他引述汉娜·西格尔（Hanna Segal）的观点，讨论"可能会倒转病态投射性认同过程的因素，促进了内射与认同的过程"，包括病人有能力识别出"某种程度上……他所投射出来的，迥异于接受并涵容其投射物的客体"。或许奎诺多兹最重要的贡献是通过他的个案研究展现了弗洛伊德文本中的挨打幻想并非是难懂而过时的，而会使我们对于今日病人的无意识受虐幻想保持敏感。

这些撰文者将范围远远扩展，扩充了我们对受虐癖形成的认识以及对受虐癖者的影响——并非仅是以性幻想或行为的形式，而且包括人格病理或关系方面的受虐癖者。尽管下面三位撰文者也在处理这些议题上卓有洞见，但他们更加强了挨打幻想与受虐癖如何广泛地影响关系这个层面，以及如何与更大的社会组织相互作用。伊西多罗·贝伦斯坦（Isidoro Berenstein）处理被虐待孩子的议题，丽芙卡·艾菲尔曼（Rivka Eifermann）研究挨打幻想的衍生物可能会微妙地在精神分析机构的教学与训练中行为化，以及马塞洛·N. 维尼拉（Marcelo N. Vinar）研究施受虐癖有时候成为社会领域的一部分的途径。

贝伦斯坦在关于弗洛伊德写《一个被打的小孩》时的个人境况和面临的精神分析难题，展现了他具有洞见的评论，并且提供了非常有智慧的逐段评述。其论文独到之处在于详细地表述了一个"受虐结构达到顶点，以至于由于一次明显的粗心而感染艾滋病，经历巨大痛苦后最终死亡"的个案。这是一个关于受虐癖与病人自身现在和过去生活状况相互影响的绝佳临床案例。

贝伦斯坦同时也比其他撰文者更完整地处理了在一个被打的小孩幻想与孩童挨打间可能的交叉点。在提到是否挨打幻想基于曾经被挨打过或目睹过殴打这个问题时，他描述了当真实殴打出现时的心理情境。他在这里描述到可能贯穿整个家庭的"一个跨代际的认同模式"。贝伦斯坦以这样的方式解译了为何一个被打的小孩通常会变成打人者。贝伦斯坦提出"一个人基于过度的兴奋而施加惩罚"，事件的强度使得孩童无法将其概念化，"因为无法形成一个有意义的事件，它通常变成了一种行动形式的记忆"。故此，暴力的连锁会在世代间传递。但这些并非是挨打不可避免的结局。挨打有可能会被"次发地投注为受虐癖，在这样的情况下，渴望存活的最终表达直接指向父亲"。

贝伦斯坦对殴打者父亲的客体关系具有深刻见解："这个小孩并不像其他小孩那样被接纳，父亲尝试着将他转换成一个内在客体关系的延伸。如果小孩哭或不如父亲所期待的那样乖，他就打小孩，希望使小孩安静下来，把小孩当作一个不可忍受的刺激、一个不可忍受的他人去压制。这正是我们所谓的一个客体的特质，我们因此再一次地身处于幻想世界，而不是跟另外一个人有连结。"他将挨打孩子的问题延伸到对性虐待的探讨。不管贝伦斯坦对"这些殴打者大部分是父亲而非母亲"的评估是否正确，他为精神分析思考与理论带来了值得我们注意的重要研究。

贝伦斯坦的文章让我回忆起一位我曾治疗过的妇女，她会"发作"般地殴打她的儿子（而非女儿），她在讨论这一完全自我异化的症状（ego-alien symptom）时记起（这是她寻求治疗的近因），当她还是孩子时，曾经拥有过一种不连贯、充满愉悦地（尽管并非性欲地）殴打一个男婴儿的幻想。那个幻想的起源超出了我想在这儿讨论的范围，但在治疗中出现了一个问题，即幻想本身（产生于孩童期，没有过挨打的经历）是否是行为化（enactment）的一个刺激。在这个特殊个案上要做出因果关联（cause-and-effect correlation）当然是有问题的，尽管病人体验到了幻想，恰好可以与其殴打"发作"连结起来。尽管殴打孩子这个行为有时是由于被挨打的经历或较差的冲动控制导致的，但也存在另一种可能，即有时候是一个自动发生的挨打幻想的行动化。在这样的个案中，挨打幻想不被合并到性行为中，而是作为一个重复的幻想，后来被付诸行动（Person，1996）。

艾菲尔曼特别确信施受虐癖在弗洛伊德对其女儿的分析中被行为化。她在让自己感受到"相当大（与友善）的压力"的框架故事中，对弗洛伊德文本进行了评论，通过弗洛伊德在 1919 年的《一个被打的小孩》这篇论文与安娜·弗洛伊德在 1922 年的《挨打幻想与白日梦》论文的详尽对比检查，讨论了弗洛伊德如何在父亲对女儿的分析中构成了一次行动化（enactment）。她指出弗洛伊德论文中的扭曲是其反移情的直接结果。部分反移情从他对"主动"技术的使用中显现出来。

艾菲尔曼将她从这个独特的分析所获得的发现，来暗示其他分析或许也存在类似的误差。挨打幻想或其他施受虐幻想的衍生物，不仅可通过过度活跃的精神分析式干预，也可以通过教学的方法成为今日精神分析机构中隐蔽实施的一股势力。艾菲尔曼认为研究此领域中早年发生的违规（violations）十分重要，因为它们可以告诉我们当代的违规潜能，包括教学中的"展示"、"劝诱"（inducing）、"引诱"（seducing）与"搞清"（beating out）。她把在为这本书撰写评论时充满压力的感觉连结到关于教学、督导与分析候选人的重要洞见上。此外，她也对"教诲式"训练阐述了有趣的观点。

尽管维尼拉（Vinar）并未在其实践中发现如同出现在弗洛伊德病人身上的挨打幻想形式，他依旧坚称，即使如此，"弗洛伊德的关注仍旧是有价值的，并且我们现今文化的核心保有着这种变态淫乐（algolagnia）的普遍心理体验——通过痛感获得的性兴奋——即便其不再是以挨打幻想的形式"。接着他关注幻想的结构，绝妙地将幻想的第三阶段（此阶段幻想者作为旁观者）不仅与个体心理相关，还与整个社会相联系。

但这并不是他仅有的重要洞见，甚至也不是他主要的关注点。维尼拉强调在弗洛伊德文献中幻想的阶层式架构："在倒错与受虐癖的表面主题中，我发现了幻想的起源与架构的无比清晰的关键——也就是，主体的形成——从弗洛伊德式体验的变迁中浮现。"

维尼拉对第二阶段的挨打幻想加了注释，尽管弗洛伊德认为"我被我父亲殴打"的阶段是"所有阶段中最重要且最关键"的，却被报告是"在某种程度上"从来没有"真实存在过"。如同维尼拉指出，这"构成了一个清晰的例子，其中弗洛伊德与具有自然主义式现实主义的临床医学分道扬镳"。

他强调第二阶段"是无法观察的，只能保留为一个专断的、一知半解的、善变的唯我论，如果弗洛伊德没有将必要的结构加在该阶段上的话——并非是从临床观察的观点，而是从他的元心理学假设的角度——从而在之后的文本叙述中达到了一致见解"（也就是说，对维尼拉而言，精神分析式的思考必须与"纯粹的"科学思考区分开）。维尼拉引用拉康（Lacan）的观点，即弗洛伊德关于阶段的顺序是逻辑的，而非起源性的。他强调了弗洛伊德的治疗和其关于主题的理论发展相较于其特定发现的正确性而言，对后世有更多的启发。

挨打幻想的第三阶段与社会领域有着特别的相关性。对拉康而言，就如同维尼拉告诉我们的，这一时期的显著特点是主体"被减约为一只眼睛，一个无关的旁观者，而不再是介于施虐者与被害者之间的象征性中介"。拉康认为以上就是倒错结构的真髓。在幻想中，"外在人物（匿名人物或家族成员）与幻想者本身"二者之间的责任的摆荡，维尼拉认为这是重要的，原因在于它与"人类无法容忍暴力的普遍态度"有关。我相信，在此我们得到了本书中介于性施受虐癖与我们对社会领域暴力的兴趣和容忍之间的联系的最有力提示。

尽管本书呈现了丰富的洞见，施受虐癖之谜依旧历久不衰。幸而马奥尼给我们提供了安慰。他挑出了对于所有理论建构都极其重要的、弗洛伊德的元理论位置，即"当我们越接近源头，我们习惯用作区分基础基准的所有迹象征象会越不清晰"。马奥尼进一步阐释："我们愈接近源头，描述性的措辞便愈像是虚构的小说，而最初的假设可能会有迅速被硬化为（being hardened into）最终断言的危险。"坚持想要知道第一成因，有时候导致了一种简化论，掩盖大于其所可以披露的。

就如同许多人为了情节而非其他方面阅读小说一样，仅仅为了熟悉作者的观点，而非严格考据或将其放在整体框架上来阅读精神分析论文，也是很有诱惑的。除了本书中许多章节所传达的主题之外，一些评析文章也严格地使用系统阅读论文的方法，分析不仅只与《一个被打的小孩》相关联，而是涉及了所有的精神分析文集。

注：这个系列的第四册——弗洛伊德的《创造性作家与白日梦》（*Crea-*

tive Writer and Day-dreaming）——我决定将各位作者对 fantasy（用 "f"）与 phantasy（用 "ph"）所采用的拼法保留，因为其中的特殊意义代表了作者所受的训练及其所言理论位置的传统。这样的方式被沿用到了本书，其中一个焦点就在 fantasy 与 phantasy。

参考文献

Browning, F. 1994. *The culture of desire: Paradox and perversity in gay lives today.* New York: Vintage.

Diagnostical and statistical manual of mental disorders (DSM-III). 1980. Washington, D.C.: American Psychiatric Association.

Faderman, L. 1991. *Odd girls and twilight lovers: A history of lesbian life in twentieth-century America.* New York: Columbia University Press.

Freud, S. 1917. Mourning and melancholia. *S.E.* 14:237–56.

———. 1919. A child is being beaten. *S.E.* 17:175–204.

———. 1924. The economic problem of masochism. *S.E.* 19:157–70.

Leo, J. 1995. The modern primitives. *U.S. News and World Report* V.119 (July 31).

Person, E. 1996. *By force of fantasy: How we make our lives.* New York: Basic Books.

Sontag, S. 1980. *Fascinating fascism,* reprinted in *Under the sign of Saturn.* New York: Anchor Books/Doubleday.

Young-Bruehl, E. 1988. *Anna Freud: A biography.* New York: Summit.

第一部分

一个被打的小孩

（1919）

一个被打的小孩—— 一份关于性倒错起源研究的文献

西格蒙德·弗洛伊德（Sigmund Freud）

I

让人惊讶的是，在那些由于歇斯底里或强迫性神经症（obsessional neurosis）而来寻求精神分析治疗的人当中，会多么经常地承认自己曾经沉溺于"有个小孩正在被打"的幻想，而且极有可能还有更多因没受到明显疾病的困扰而没来寻求治疗的类似个案。

这幻想附带有愉悦感，为此，病人在过去甚至是现在，仍然以无数的理由重现这个幻想。在这想象情境的顶点，几乎总是有一种自慰的满足——也就是说，生殖器官的满足。起初，这种情况是自发的，但之后则带有强迫的特性，无论病人如何努力改变。

坦白这样的幻想是令人犹豫再三的。它第一次被回想起来时往往充满了不确定性，关于这一主题的分析工作常会遇到明显的阻抗。在这一点上被激起的羞愧与内疚感可能会比描述性生活刚开始时的回忆更加强烈。

最终，我们有可能确定这种类型的第一次幻想在生命的很早期就曾带来过愉悦：肯定是学龄前，不晚于五六岁。当小孩在学校看到其他同学被老师责打，当时，假如幻想是处于休眠状态的话，这样的经验就会唤醒它们，而若是幻想一直都在，则会被强化并会明显地修改其内涵。自那时起，挨打的小孩的数量就是"一个模糊的数字"。学校的影响是如此清楚，以至于病人一开始想要回溯他们的挨打幻想时，会完全关注这些六岁后学校生活的印象。但他们无法一直维持在那个位置上，因为幻想在那之前就已存在。

虽然高年级后，孩子不再挨打，这些场合的影响被阅读的效果所取代，而且不仅只是取代，其重要性很快就会显现出来。就我病人所处的环境而言，《玫瑰书房》（*Bibliothèque Rose*）❶、《汤姆叔叔的小屋》（*Uncle Tom's Cabin*）这类年轻人容易接触到的书，其内容几乎总会为挨打幻想带来新的刺激。孩子通过产生自己的幻想及建构丰富的场景和体系，开始与这些文学创作竞争，在这些幻想中，孩子们因调皮捣蛋等行为挨打或以其他的方式被处罚。

"一个小孩正在挨打"这个幻想总是灌注了高度的愉悦感，并会实现一次愉悦的自体性欲（auto-erotic）满足。因此，人们可能会认为，在学校看到另一个小孩挨打，也是类似愉悦的来源。而事实并非如此。这些目睹发生在学校的真实殴打场景的孩子，会产生一种奇怪的兴奋感，可能混杂在其中的，有很大部分是厌恶感。在少数的例子中，目睹真实挨打会让人感到难以忍受。此外，假如处罚没有对孩子造成严重伤害，几年后常会有更复杂的幻想跟着产生。

人们必然会问，挨打幻想与早年家庭教养中的实际体罚之间可能会有怎样的联系。由于素材的片面性，不可能去证实一开始的怀疑，即这个关系是反过来的。病人很少在孩童时期挨打，或无论如何也不是被棍棒打大的。然而，这些孩子每个人迟早都会意识到双亲或教育者在生理上较优越的力量；在每个托儿所里，孩子们有时会互相斗殴，这一事实毋庸多说。

对于那些早期又简单的幻想，当不能明显地回溯到学校印象的影响或从书本中获取的景象时，往往需要更多的信息。到底挨打的小孩是谁？是他自己产生这样的幻想还是其他的人？总是同一个孩子还是有不同的人？是谁在殴打这个小孩？是大人吗？如果是的话，是谁？或者是否这个孩子想象他自己在殴打别人？所有这些问题，都无法确定，只有一个犹豫不决的回答：除了一个小孩在挨打，其余我一无所知。

当询问这些挨打的小孩的性别时，有了更多的回答，但仍无法带来任何启示。有时答案是"总是男孩"或"只有女孩"，更常见的回答是"我不知

---

❶ 由塞居尔夫人（Mme. de Ségur）写的著名系列书籍，其中《知识的不幸》（*Les Malheurs de Sophie*）可能是最受欢迎的一本。

道"或"这并不代表什么"。这些问题旨在发现产生幻想的孩子的性别与挨打孩子的性别之间的某种恒定关联，但这种关联从未被建立。间或会有幻想的另一个特征细节被曝光："一个小小孩光屁股被打了。"

在这些情况下，一开始甚至不可能确定：附着在挨打幻想上的愉悦感究竟是可以被描述为施虐的还是受虐的。

II

这一类幻想可能偶然地在童年早期产生，为了自体情欲的满足而保存下来，根据我们现有的知识，只被视作性倒错的一个主要特点。似乎是性功能的一部分先于其他部分发展起来，让自己过早地独立出来，形成了固着，因此从后期的发展中撤离，并以这样的方式证明了个体内部特殊而异常的构造。我们知道这一类的婴儿性倒错不需要持续终生，其后会屈从于压抑作用，被反向形成所取代，或经由升华而转换（一些经由特殊过程❶而达到的升华可能会因压抑而被抑制）。但若这些过程没有发生，那么性倒错将会持续到成熟期；而每当我们在成人身上看到性偏差（sexual aberration）时——性倒错（perversion）、恋物癖（fetishism）、性倒置（inversion）——我们都可以正当地去预期，回忆的探究将会揭示出如我上面提过的，导致童年期固着的某件事件。的确，早在精神分析之前，像贝奈特（Binet）这样的观察者就能够从成人的奇怪性偏差行为追溯到童年的类似印象，而且恰恰都是在相同的时段，也就是五岁或六岁❷。但在这个时候，询问遭遇到了我们知识的局限；因为引起固着的回忆不带有任何创伤性的力量。它们大多听起来单调乏味，不可能用来解释为何性冲动特别固着在它们上面。不过，却有可能去寻找它们的重要性，因为它们恰恰为那个过早发展并准备好要向前逼近的成分的固着提供了机会（即便只是一次偶然的机会）。

---

❶ 这可能与《自我与本我》（*The Ego and the Id*）（Freud，1923）的第三章所提到的升华理论有关。

❷ 贝奈特的这一观察（Binet，1888）在弗洛伊德的《性学三论》（*Three Essays*）（Freud，1905d）中被提及，并在该书 1920 年的一个脚注中评论过（Standard Ed.，7，154）。

在任何情况下，我们都不得不准备好在追溯其因果关联的时候可能会在某处暂停，而先天体质的解释似乎完全符合了这一类临时终点所需要的。

若过早脱离的性成分是施虐性的，那么，我们或许可以基于其他渠道的知识来预期，其后的压抑将导致强迫性神经症倾向❶。不能说这样的预期与询问的结果互斥。这篇基于对六个个案（两男四女）详尽研究的简短论文，其中两个个案是强迫性神经症，一个是极严重失能，另一个是中等程度，且很容易受到影响。第三个个案无论如何也清晰地表现出强迫性神经症的个人特质。必须承认，第四个个案是明确的歇斯底里症，痛苦且抑制；而第五个个案仅因为难以决定生活中的一些事情前来接受分析，连模糊的诊断都无法给予，或可能会被误认为是精神衰弱而搁置一边❷。对这样的统计不需要感觉失望。首先，我们知道并非所有的倾向都必然会发展成一种障碍；第二，一般而言，我们应该满足于对我们面前的事实进行解释，也应该避免做额外的工作，比如去明确为何有些事情并未发生。

我们目前的知识状态能让我们对挨打幻想了解至此，却无法洞悉其全貌。在分析师的心里，的确对这一问题没有最终解决方案而不安。他不得不承认，这些幻想与神经症的其余内容分开存在，在神经症结构中找不到适合的地方。但是就我个人体验而言，这类印象太容易被我们丢置到一边。

Ⅲ

严谨地说——这一问题难道不应该以尽可能的严谨来思考吗？——只有当分析工作能够成功地消除失忆症，不再隐藏成年人在童年时期最开始的记忆，它才值得被承认是真正的精神分析。这一点在分析师中需要不断地强调和重复。无视这一提醒的动机，确实也是可以理解的。在更短的时间内不那么麻烦地获得实用的结果是理想的。但当下的情况是，理论知识对我们所有人来说仍然远比治疗上的成功更为重要，任何忽略童年分析的人都必然会招致无可挽回的错误。我们在此强调最早期的经验的重要性，并不意味着我们

---

❶ 见《强迫性神经症倾向》（*The Predisposition to Obsessional Neurosis*）（1913i）。
❷ 在这里完全没有提及第六个个案。

低估后期经验的影响。但是生命后期的印象通过病人自己的嘴巴就可以大声表述，而医生才是那个代表童年表达要求，而不得不提高音量的那一个人。

在儿童时期两岁至四五岁间，先天的力比多因子首次被真实的体验所唤醒，并依附到特定的情结上。此处所讨论的挨打幻想仅在这一时期的末期或是结束之后才呈现出来。所以，挨打幻想很有可能很早产生，经历了一个发展阶段，即它们代表的是一种最终的产物，而非原初表现。

这一怀疑在分析中得到了确认。系统化的分析表明，挨打幻想发展历程并不简单，期间经历多次多方面的改变——有关它们与幻想者的关系，以及它们的客体、内涵和重要性。

为了让我们能更顺利地跟踪这些挨打幻想的转变，我大胆地将我的陈述限制在女性个案中，因为相对于男性的两个个案而言，女性个案有四个，在任何情况下都占我所收集材料的更大比例。此外，男性的挨打幻想跟另一个主题相关，我不打算在此篇文章中讨论❶。我必须小心避免在表述这些个案的时候太过概要，而那是在陈述一个一般个案时难以避免的。如果接下来在进一步的观察中出现了更复杂的情况，那我仍然可以肯定出现在我们面前的是一种典型的情形，而非一个不常见的模式。

那么，女孩挨打幻想的第一个时期，必然根植于非常早的童年时期。有些特征保持着令人奇怪的不确定性，仿佛它们是无关紧要的。从病人在其最初的陈述中所提供的稀少信息看来，似乎有理由相信"一个小孩在挨打"与这个阶段有关。但它们另一个特征是确定性的建立，并且每个个案均是如此。挨打的小孩并非是产生幻想者，产生幻想的往往是另一个小孩，最常见的是他们的兄弟或姐妹，如果有的话。既然另一个孩子可能是男孩也可能是女孩，那么产生幻想的小孩的性别与挨打小孩的性别之间并没有固定的关系。也就是说，这样的幻想，肯定不是受虐的。人们会想要称它为施虐性的，但是我们不能忽略产生幻想的小孩自己从未真正施予殴打这个事实。殴打的人的真实身份刚开始始终保持模糊。只有一点是可以确定的：那并不是

---

❶ 事实上，弗洛伊德在下面讨论的是男性的挨打幻想。他们特殊的女性化基础可能是当他说"另一个主题"时脑子里所想的。

一个小孩而是一个成人。尔后这个无法确定的成年人才变得清晰，可以明确辨认出那是父亲。

因此，挨打幻想的第一阶段完全可以用下面这句话来表述："我的父亲在殴打小孩。"假若我不这样说，而是说："我的父亲在殴打那个我厌恶的小孩"，那我就泄露了大量之后将要提出的内容。不仅如此，一个人或许会感到犹豫，一个"幻想"的属性是否仍然可以用来描述第一阶段的后期挨打幻想。或许问题应该是，幻想究竟是对曾经目睹过的事件的回忆，还是在各种场合下产生的欲望。但是，这些质疑都是无足轻重的。

在第一阶段与下一阶段之间产生了深刻的转变。的确，殴打者仍然是同一人（亦即父亲），但是被打的小孩现在已经变成了另一个人，都不约而同地变成了那个产生幻想的小孩。这样的幻想伴随着高度的愉悦感，并且现在已经获得了重大的满足，其起源我们稍后会讨论。因此，现在的措辞变成了："我在被我的父亲殴打"，这句话无疑是具受虐特征的。

第二阶段是最重要也是最关键的一个阶段。但我们可以从某种意义上说，它从未真正地存在过。它从未被忆起，也从未成功进入意识层面。它是一种精神分析的建构，但即便这样，它仍然是一种必然。

第三阶段更类似于第一阶段。从病人讲述中可以看到我们熟悉的措辞。殴打者从来不是父亲，而是要么像第一阶段那样无法确定，要么以一种典型的方式变成了父亲的代表，比如老师。产生挨打幻想的小孩的形象本身不再出现。病人回应急迫的询问时只是声称："我可能正在看着。"不再是一个孩子在挨打，通常是许多小孩。最常出现的是男孩被打（在女孩的幻想中），但幻想者并不认识他们中的任何一个。挨打的情境起初简单单调，可能会经过最复杂的转变与精心的处理，也许会用另一种形式的惩罚与羞辱替代殴打。但是能将该阶段中哪怕是最简单的幻想与第一阶段的幻想区别开来，并能与中间阶段建立联系的本质特征是这一点：幻想现在有了强烈且明确的性兴奋，因此为自慰的满足提供了一种手段。但这正是令人困惑的地方。到底是经由怎样的途径，让这些奇怪又不知名的男孩们的被打幻想（此时这一幻想变成了施虐性的）永恒地占据了小女孩们的力比多倾向（libidinal trends)？

我们同样也无法对自己隐瞒，挨打幻想的三个阶段之间的相互关系与发生顺序，以及它的其他特殊之处，至今仍是无解的。

IV

假如分析来到了早年涉及并回忆起挨打幻想的时期时，我们将看到小孩卷入双亲情结的煽动之中。

小女孩的情感固着于父亲，他可能已为了赢得女儿的爱而竭尽所能，而女儿就这样播下了对母亲的仇恨与竞争态度的种子。这种态度与当时对母亲的依赖情感并存，随着岁月的流逝，将注定越来越清晰而强烈地来到意识层面，抑或不然则会变成过度忠诚于母亲的一股驱动力。但这并不意味着女孩与母亲的关系与挨打幻想有关。育婴室里还有其他年长或年幼几岁的小孩，因种种理由被厌恶，但主要还是因为父母亲的爱必须分享给他们，出于这个原因，他们遭受到了那些年情感生活中全部的典型的原始力量的厌恶排斥。如果这个小孩是弟弟或妹妹（正如我四个个案中的三个那样），他被仇视的同时，还会被鄙视，但是他总是可以把父母的注意力吸引到自己的身上，因为父母总是盲目地偏爱最年幼的孩子，这是一幕无法回避的壮观场景。小孩很快便明白，被殴打，即使它没有造成多大伤害，也意味着爱的剥夺和羞辱。许多小孩坚信自己坐拥父母不可动摇的爱，他们从他们想象的无所不能的天堂中被一击而下。因此，父亲殴打这个可恶的小孩的想法是令人愉快的，与他是否亲眼见过无关。这意味着："我的父亲不爱那个小孩，他只爱我。"

这就是第一阶段挨打幻想的内容与意义。这个幻想显然满足了小孩的嫉妒，且依赖于其生活的情欲方面，但也被小孩的自我中心式利益有力地强化了。所以，人们对这个幻想是否应该被描述为纯粹的"性欲性的"怀疑仍然存在，而且也不能冒险地将它称之为"施虐性的"。

众所周知，当我们越逼近源头，我们习惯用作区分基础基准的所有迹象征象会越不清晰。所以，或许我们可以想起三位巫婆对班戈（Banquo）所说的预言："不是明显的性欲，也不是自身的施虐性，而是一种稍后两者都会从其中出现的东西。"然而，在任何情况下，都没有理由怀疑，在第一阶段，幻想已经在为一种包含生殖器的兴奋感所服务，并在自慰行为中找到了它的出口。

很明显，儿童的性生活已经来到了生殖器阶段，此时乱伦爱已经完成了对客体的早熟选择。在男孩的个案中，这一点可以更容易体现出来，但在女孩的个案中也是无可争辩的。一些类似于后来会成为最终且正常的性目的的征兆，支配着小孩的力比多趋向。我们也许会好奇为何会如此，但我们也可以把它看作一个证据，证明了生殖器已经开始在兴奋过程中发挥作用这一事实。男孩想跟母亲生小孩的希望从未消失，就跟女孩一直希望跟父亲拥有小孩一样；尽管他们完全无法形成任何清晰的想法要如何来实现这些愿望。小孩子似乎确信生殖器跟这件事情有关，即使在他们一直以来的思索中可能在寻找着父母之间假定亲密本质的是另一种形式，例如他们睡在一起、在彼此面前排尿等；像后者这类题材，相较于与生殖器有关的神话而言，更容易在话语意象中理解。

然而早花不堪霜残。这些乱伦爱都不能避免压抑的命运。他们可能因发现一些外部事件导致错觉（disillusionment）而屈从于压抑——比如意想不到的怠慢、不受欢迎的新出生的弟弟或妹妹（使其感到不贞）等，或者撇开这些事件不说，同样的压抑也可能因内部的状况而发生，或者仅仅是因为未满足的渴望持续太久了。毫无疑问，那类事件并不是起效的成因，尽管我们说不出具体的绊脚石究竟是什么，但这些爱情迟早会带来悲伤。最有可能的是，它们的消失是因为时间到了，因为儿童进入了一个新的发展阶段，在这个新阶段中他们被迫再次屈从于人类历史中对乱伦客体选择的压抑，而在更早的阶段中，他们却被迫去做出恰恰是这一类型的客体选择❶。在新的阶段里，意识不再接收存在于无意识中的乱伦之爱冲动的心理产物，任何已经进入意识的东西也都被驱逐出去。当压抑过程发生的同时，内疚感出现了。其起源不明，但不管起源是什么，无疑与乱伦愿望有关，且那些愿望持久地存

---

❶ 与俄狄浦斯神话中命运所扮演的角色对照。

在于无意识中也证明了这一点❶。

乱伦爱阶段的幻想曾经这么说："他（我的父亲）只爱我一个，不爱另一个孩子，因为他在殴打他。"内疚感会发现没有比这一胜利的反转更严重的惩罚了："不，他并不爱你，因为他在殴打你。"通过这种方式第二阶段的幻想用被父亲殴打的方式，直接表达了女孩的内疚感，而她对父亲的爱已经向这种内疚感屈服了。因此，幻想变成了受虐性的。就我所知，总是这样的；内疚感是将虐待癖转变为受虐癖的不变因素。但这当然不是受虐癖的全部。不能单独用内疚感来解释这一切，爱的冲动也必然是其中的因素。我们必须记住，我们是在和这样的小孩打交道，由于先天的原因，这些小孩的施虐部分得以过早发展成独立的结构。我们不必放弃这个观点。正是这样的小孩更容易回忆起性生活中的前生殖器期、施虐-肛门组织（sadistic-anal organization）阶段。当几乎不受影响的生殖器组织遇到了压抑，结果不仅是乱伦爱的每个心理表征（psychical representation）变成无意识或保持原状，还会有另一个结果：生殖器组织本身会被退行性地贬低到一个更低的层次。"我的父亲爱我"带有一种生殖器的意味，由于退行，它变成了"我的父亲殴打我（我被我的父亲所殴打）"。于是这种挨打就成为了一种性爱与内疚感的混合体。这不仅是对禁忌性的生殖器关系的惩罚，而且也是这种关系的退行性替代品，源自幻想的力比多兴奋（libidinal excitation）从此附于其上，并通过自慰行为找到了它的宣泄出口。至此，我们第一次掌握了受虐癖的真髓。

在第二阶段中，小孩被父亲所殴打的幻想，通常留在无意识中，可能是由于压抑的强烈程度造成的。但我无法解释为何我的六个个案中的一位男性个案有意识化的记忆。这位现在已经长大的男性仍清晰地在记忆中保有这个事情，还曾经使用被母亲殴打的想法来自慰，不过可以肯定的是他很快用学校里其他同学的母亲或其他跟母亲有相似之处的女性替代了自己的母亲。一定不能忘记的是，当一个男孩的乱伦幻想转变成相应的受虐幻想时，会发生比女孩多一次的反转，即从被动到主动的替代；而这额外的变形可能会拯救

---

❶ 【1924 年补充的脚注】请看《俄狄浦斯情结的瓦解》（*The Dissolution of the Oedipus Complex*，1924d）中这一思路的延续。

幻想，使其不被压抑到无意识中。这样一来，内疚感就会通过退行而不是压抑来获得满足。在女性的个案中，这种内疚感也许会更严苛，只有通过两者的结合才能缓解。

在我的四个女性个案中，有两个的白日梦有着精密的上层建筑（super-structure），已经超越了受虐的挨打幻想，对做梦者的生活非常重要。这种上层建筑的功能是为了使兴奋的满足成为可能，尽管自慰行为被放弃。其中一个个案被父亲殴打的幻想内容，被允许再次冒险地进入意识层面，只要主体的自我（ego）被一种单薄的伪装遮住已无法辨认。这些故事里的主人公，总是被父亲殴打（或者后来只是受到处罚、羞辱等）。

不过，我要再次重申，第二阶段的幻想通常是留存在无意识中的，且只有在分析的过程中才能被重建。这个事实或许可以证明一些个案说他们记得在（不久将会讨论的）第三阶段的挨打幻想之前，自慰就出现了，而第三阶段只是后来附加的，也许是基于学校情境的印象而产生的。每次我相信这些陈述的时候，我都倾向于假设，自慰一开始由无意识幻想所支配，之后才被意识幻想所取代。

我将常见的第三阶段的挨打幻想（是它的最后一种形式）视作它的替代物。在此，产生幻想的小孩几乎是一名旁观者，而父亲则以老师或其他权威人士的形式继续存在着。这个幻想现在和第一阶段相似，看起来又变成了施虐性的。这句话的意思似乎是："我的父亲在殴打这个小孩，他只爱我一个"，当第二部分经历了压抑后，压力又转回到了第一部分。但是，只有幻想的形式是施虐性的，从它产生的满足感来看是受虐性的。其意义在于它已经接管了被压抑部分的力比多投注，同时也接管了依附在这部分内容里的内疚感。毕竟，所有被老师殴打的非特定的小孩，都只不过是孩子自身的替代品而已。

我们在这里也第一次发现，在幻想中扮演角色的人的性别的某种恒定性。在不管是男孩还是女孩的幻想中，挨打的小孩几乎都是男孩。这个特征自然不能用任何性别上的竞争来解释，否则在男孩幻想中挨打的当然就应该是女孩，而且这与第一个阶段中所厌恶的小孩的性别也没有关系。但这也说明了女孩个案的复杂性。当女孩拒绝了对父亲的生殖器意义的乱伦爱之后，她们轻易地放弃了她们的女性角色。她们驱策自己的"男性情结"(masculinity complex)(Van Ophuijsen, 1917)活跃起来,从此只想要变成男孩。因此,代表她们挨打的孩子也是男孩。在两个白日梦的个案中,其一几乎达到了艺术作品的境界——英雄们永远是年轻的男人;事实上,女人一般完全不会在这些创作中出现,即使出现,也只是在数年后首度出现,并且是扮演次要的角色。

V

我希望我提出的分析观察已经足够详细,我只补充一点,即我频繁提及的六个个案并不是我的全部材料。像其他的分析师一样,我有大量却未经细致探究的个案资料。这些观察可用于各种不同的思考路线:用于阐明一般的性倒错和受虐癖的起源,以及用于评估在神经症的动力上性别差异所扮演的角色。

这样的讨论最明显的结果就是它对性倒错起源的应用。在这种联系中被带入前景的一个观点,即单一性欲成分的先天性强化(constitutional reinforcement)或过早的增长,并没有被动摇,但认为它不包含全部的真相。性倒错不再是儿童性欲生活中的一个孤立的事实,不说是标准的,也是一种典型的、为我们所熟悉的发展过程。它与儿童乱伦爱的客体以及俄狄浦斯情结有关。它首先在这个情结的领域中凸显出来,然后当情结瓦解之后,它仍然在,经常是它自己,作为这个情结的力比多的继承者,并被附着其上的内疚感压低。最终,这种不正常的性欲构成,通过迫使俄狄浦斯情结进入一个特定的方向并强迫它留下一个不寻常的残留物,展示了它的力量。

众所周知,孩童时期的性倒错,有可能成为构建一个有类似感觉并持续一生的性倒错的基础,而这将耗尽这个主体的全部性生活。另外,性倒错可能中断并停留在正常性发展的背景之中,然而,它仍然会继续收回一定量的能量。早在精神分析出现前,第一个可能性就已经为人们所知了。不过,对这样完全充分发展的个案的分析性调查,几乎为两者之间的鸿沟搭建起了一座桥梁。因为我们经常发现这些性倒错者,通常在青春期的年纪,也尝试过想要发展正常的性活动；但他们没有足够的动力维持努力，当第一个阻碍不可避免地出现时就会放弃，从此永远倒退到婴儿时期的固着上去。

自然地，很重要的一点是要知道，婴儿性倒错的俄狄浦斯情结起源，是否可以被当作一个普遍原则来断言。虽然，没有更进一步的探索以确定这一点，但它看起来并非不可能。当我们回想起从成年性倒错个案中获得的记忆，就必然会注意到所有性倒错者、恋物癖者等的决定性印象，以及"第一次体验"，很少会追溯到六岁之前。然而此时，俄狄浦斯情结的主导地位已经结束；而被想起的经历，以这种令人困惑的方式产生着影响，很可能代表了那个情结的遗留。只要精神分析还未看清最初的"致病"印象，这些经历与当时被压抑的情结之间的联系必然是模糊不清的。所以，可以想象，例如，断言同性恋是先天的，基于他们从六岁或八岁开始便只偏爱自己同性别的人，这类的信念是多么没有价值。

然而，如果从俄狄浦斯情结产生性倒错这一点可以得到普遍的证实，那么我们对其重要性的估计将会更加有力。依我们所见，俄狄浦斯情结是神经症的核心，而在情结中达到顶点的婴儿期性欲是神经症的真正决定因素。情结在无意识中的残留部分，代表了成年后发展的神经症倾向。在这种情况下，挨打幻想与其他类似的性倒错固着，也只会是俄狄浦斯情结的沉淀物、伤疤，也就是在过程结束后留下来的东西，正如恶名昭彰的"自卑感"（sense of inferiority）对应的是同类的自恋伤疤。在接受这一观点时，我必须表达我对西诺夫斯基（Marcinowski，1918）最近畅快发表的观点毫无保留的认同。众所周知，神经症性的自卑妄想（neurotic delusion of inferiority）仅仅只是一个片面，并且与其他来源的自我高估（self-overevaluation）的存在完全兼容。俄狄浦斯情结的起源本身，以及它强加在人身上的命运，在所有动物中，可能只有人会两次重新开始他的性生活，第一次就如其他所有动物一般发生在童年早期，然后经过一段长期的中断后在青春期再次发生——所有与人类"古老遗产"相关的问题——我在其他地方已讨论过，在此无意继续讨论❶。

---

❶ 弗洛伊德不久前在他的《精神分析导论》（*Introductory Lectures*）（Freud，1916—1917），尤其是在 XXI 和 XXIII 的演讲中，详细地讨论了这些问题。

通过我们对挨打幻想的讨论，仍然没有搞清受虐癖的起源。首先，似乎有一种观点认为，受虐癖不是一种原初本能的表现，而是源自施虐的转向自身——也就是说，通过从客体到自我的退行方式产生❶。带有一个被动目的的本能必须被认为是理所当然的，尤其在女性中。但是被动性不是受虐癖的全部，还包含不愉快的特性——作为一种本能满足的令人困惑的附属物。从施虐癖转变为受虐癖，似乎是受到了参与在压抑行为中的内疚感的影响。因此，压抑在这里有三种操作方式：它使生殖器组织的影响进入无意识；它迫使组织本身退行到早期的施虐-肛欲期（sadistic-anal stage）；它将这个阶段的施虐癖转换为受虐癖，是被动且在某种程度上是自恋的。这三种效应之中的第二种是由于生殖器组织的弱化才成为可能，这个假定在这些个案中必须成立。第三种方式变得必要，因为内疚感反对施虐，正如反对生殖器的乱伦客体选择一样。再一次地，这些分析并没有告诉我们内疚感的来源。这种内疚感似乎是由儿童进入新阶段带来的，而且，如果它之后继续存在，似乎对应了类似自卑感的类伤疤形成（scar-like formation）。根据我们当下对自我结构的取向，尽管这种取向仍是不确定的，我们应当将其归于心理中的一个机构，这个机构把自己塑造成为反对自我其余部分的一个严厉的良知，并在梦中产生了西尔贝雷功能性现象（Silberer's functional phenomenon），且将自身与处于被监视妄想中的自我分离开来❷。

我们也可能会注意到，在这里处理的婴儿性倒错的分析也有助于解决一个久远的谜题，是真的，相比于分析师本身而言，它总是更困扰那些还未像分析师们那样接受精神分析的人们。然而最近甚至连布洛伊尔（Bleuler）都认为这是无法解释且令人震惊的事实，即神经症病人把自慰作为他们内疚感的中心。我们长期以来一直认为，这种内疚感与儿童早期而非青春期的自慰相关，而且主要不是与自慰行为有关，而是与位于它的根部的幻想有关，

---

❶　可参考《本能及其变迁》（*Instincts and their Vicissitudes*）（Freud，1915c）、[《超越快乐原则》（*Beyond the Pleasure Principle*）（Freud，1920g，Standard Ed.，18，54-5），弗洛伊德认为可能还是存在原初的受虐癖]。

❷　请参阅弗洛伊德关于自恋的论文的第三部分（Freud，1914c）。当然，这个机构后来被描述为"超我"。比较《自我与本我》（Freud，1923b）第 3 章。

尽管是无意识的——也就是说，与俄狄浦斯情结有关❶。

至于挨打幻想的第三阶段，也就是明显施虐的阶段，我已经讨论了它作为对自慰的刺激驱动的媒介的重要性；我也展示了它是如何唤起想象力的活动，一方面在同样的路线上延续幻想，另一方面通过补偿中和幻想。尽管如此，无意识受虐的第二阶段，其中孩子自己被父亲殴打，是无比重要的一个阶段。这不仅是因为此阶段通过替代它的代理持续运行着；我们还可以检测到它对性格的影响，直接从其无意识形式中产生。有这样幻想的人们，对任何可纳入父亲阶层（in the class of fathers）的人会产生一种特别的敏感与易怒性。他们很容易被这样的人所冒犯，并通过这种方式（是他们的悲哀和代价）使被父亲殴打的想象情境变成了现实。假使有一天能证明：这一幻想就是妄想症的妄想性好讼（delusional litigiousness）的基础，我也不会感到惊讶。

VI

除了一两个关联之外，假使我没有把讨论限制在女性部分，要对婴儿挨打幻想做清晰的调查是不可能的。我将简要概括我的结论。小女孩的挨打幻想经过三个阶段，第一与第三阶段是意识上记得的，而第二阶段则停留在无意识。这两个有意识的阶段呈现为施虐性的，而中间的无意识阶段无疑是受虐性的；其内容是小孩被父亲殴打，带有力比多负荷和内疚感。在第一与第三个幻想中，挨打的小孩都是其他人而非主体本人；在中间阶段挨打的小孩是小孩自己；在第三阶段，挨打的小孩无一例外的都是男孩。施行殴打的人起初是她的父亲，其后被与父亲同阶层的人所替代。中间阶段的无意识幻想，主要具有生殖器意义，是通过压抑与退行的方式由希望被父亲深爱的乱伦愿望中发展而来的。另一个事实是，在第二与第三阶段间女孩改变了她们的性别，因为在后一阶段的幻想中，她们变成了男孩，尽管这个事实与其他的联系并不紧密。

---

❶ 例子请见《鼠人》个案史中的讨论（Freud, 1909d, Standard Ed., 10, 202 ff）.

在男孩挨打幻想上，我还没能了解如此之多，也许是因为我的材料不甚理想。我自然期待，在男孩的个案与女孩的个案中，事物的状态会有一个完全的类比，在幻想中母亲会取代父亲的位置。这个期待似乎得到了满足，因为男孩幻想的内容被认为是对应了他真实被母亲殴打的情境（也许其后母亲被其他人所替代）。但在这个幻想中，男孩保留了自己作为挨打的人，这一点上与女孩的第二阶段中能变成有意识的部分不同。而且，假如在这种情况下我们尝试将它与女孩第三时期的幻想之间进行类比，就可以发现一个新的不同点，即男孩自己的形象并不会被许多其他不知名、不特定的小孩所代替，尤其是不会被女孩所代替。因此，对两者完全平行的期望是错误的。

我的有婴儿式挨打幻想的男性个案，只有少数人在性活动上没有表现出受到过严重伤害；此外，他们当中相当大的部分必须被描述为真正的受虐癖，即性倒错病人。他们要么可以完全从伴随着受虐幻想的自慰中得到性满足，要么可以成功地将受虐癖与他们的生殖器活动相结合，伴随受虐的表演（performance），并在类似的情境下，能够实现勃起和射精，或完成正常的性交活动。

除此之外，还有一种更为罕见的情况，那就是受虐狂在其性倒错活动中被难以忍受的高强度的强迫意念干扰。由于能获得满足的性倒错者，往往没有机会来进行分析。但是就所提及的三种受虐者而言，他们或许有强烈的动机促使他们去见分析师。受虐的自慰者如果最终去尝试与女人性交时，会发现自己是完全无能的；这个迄今为止可以通过受虐的想法或表演达成性交的男人，可能会突然发现那个对他来说很便利的联盟临时出故障了，他的生殖器不再对受虐的刺激做出反应了。我们习惯于自信地向那些来寻求我们治疗的心理阳痿病人承诺可以康复，但是，当我们对这一障碍的动力仍然未知时，应该更谨慎地给出这样的预后评估。如果分析显示"仅仅心理性"阳痿的成因是一种典型的受虐癖的态度（masochistic attitude），或许自婴儿时期便深埋其中，那会是一种令人不快的意外。

尽管如此，关于这些男性受虐癖们，此刻获得的一个发现警告我们，不要进一步寻求这些男性个案与女性个案间的类比，而是应该分别去评断。因为事实上，在他们的受虐幻想中，以及他们为实现幻想而进行的表演中，他们总是将自己转变成女人的角色。也就是说，他们受虐癖的态度与女性化的态度是一致的。这可以很容易地从他们幻想的细节中得到证实，而许多病人甚至自己也意识到了这一点，并将其作为一种主观的信念表达出来。即使他们在受虐场景的虚构中幻想一个顽皮的孩子或男侍者或学徒正准备受惩罚，那也不会有任何区别。另外，这些施以惩戒的永远都是女人，不管在幻想上或表演中。这已经够令人困惑的了，而且还有一个必须要问的问题，即这种女性化的态度是否已经构成了挨打幻想中受虐元素的基础❶。

因此，让我们把难解的成年受虐癖个案的问题放在一边，转而讨论男性的婴儿期挨打幻想。对童年早期的分析再一次让我们在这个领域获得了令人惊喜的发现。幻想的内容是被母亲所殴打，且幻想是意识的或能够成为意识的，但它并非是原本的幻想。它拥有一个永远是无意识的先行阶段，其内容是："我被我父亲所殴打。"这样，这个先行阶段真的与女孩幻想的第二阶段相对应了。令人熟悉的、意识上的幻想："我被我母亲所殴打"，在女孩的第三阶段发生，其中正如所提及的，挨打的对象是一个未知的男孩。我还无法证明男孩具有一个可以与女孩幻想的第一阶段相比较的、施虐本质的初步阶段，但是我现在对其存在性暂不表达任何怀疑，因为我可以很容易地预见到可能会有更复杂的形式。

在男性幻想中——我这样简称它，但愿不会有被误解的风险——被打也代表了被爱（在生殖器的意义上），即使由于退行的作用这已经被降到了一个较低的水平。因此，无意识男性幻想的原始形式，并不是迄今为止我们所给出的那个暂时的形式："我被我的父亲所殴打"，而是"我被我的父亲所爱"。这个幻想已经被我们所熟悉的过程转变成了意识中的幻想："我被我的母亲所殴打。"所以，男孩的挨打幻想，从一开始就是被动的，来源于朝向父亲的一种女性化的态度。它对应于俄狄浦斯情结，正如（女孩的）女性挨打幻想那样；只不过我们必须放弃找到两者间的平行关系的期待，取而代之的是另一种共同特性。两种挨打幻想都是起源于对父亲的一种乱伦依恋❷。

----

❶ 【1924 年的补充说明】关于这一主题的进一步评论将在《受虐癖的经济学问题》（*The Economic Problem of Masochism*）（Freud，1924c）中找到。

❷ 在对《狼人》（*Wolf Man*）（Freud，1918b）的分析中，一个挨打幻想起了一部分作用。

如果我在这里列举两性的挨打幻想之间的其他相同点与不同点，将有助于使事情更清晰。在女孩个案中，无意识的受虐幻想开始于正常的俄狄浦斯态度；而对于男孩而言，则开始于反向的态度，其中父亲被当作爱的客体。在女孩个案中，幻想有一个初步阶段（第一阶段），其中殴打没有任何特别的意义，并且是在一个被她嫉妒仇恨的人身上进行的。这两种特点在男孩身上皆未出现，但这个特别的不同点可能会被更幸运的发现所移除。当女孩无意识幻想过渡到意识幻想（第三阶段）时，她保留了父亲的形象，这样也使殴打者的性别保持不变；但她改变了被殴打者的形象与性别，因此最终是一个男人在殴打男孩。相反，男孩通过把母亲放在父亲的位置上，改变了殴打者的形象与性别，但是他保留了自己的形象，结果是殴打者与挨打者有着不同的性别。在女孩个案中，最初是受虐的（被动的）状况，通过压抑转变成施虐，而其性的特质几乎是被抹去的。在男孩个案中，受虐的状况保持不变，并且极类似原本的幻想及其生殖器意义，因为其殴打者与挨打者拥有不同的性别。男孩通过压抑与重塑他的无意识幻想来逃避其同性恋倾向：他后来的意识幻想的非凡之处在于，它包含了一种女性化的态度，而没有同性恋的客体选择。另外，通过同样的过程，女孩完全摆脱了她生活中性欲方面的需求。她在幻想中把自己变成了一个男人，但她本人并没有变得像男人那般的主动，这使她成为了事件的旁观者，取代了性活动。

我们有理由假定：对原初无意识幻想的压抑并没有造成太大的改变。被意识压抑或是被其他事物所取代的东西，仍保持着它的完好并潜在地在无意识中起效。而退行对更早期性组织的影响则是另外一回事。就这一点而言，我们倾向于相信无意识中事物的状态也会改变。因此，在两性中，被父亲殴打的受虐幻想，尽管不是被他爱的被动幻想，但在压抑已经发生之后继续存活于无意识中。此外，还有许多迹象表明，压抑仅极不完全地实现了它的目标。试图摆脱同性恋客体选择的男孩，虽然没有改变性别，但在意识幻想中仍然感觉自己是个女人，并且赋予了殴打他的女性以男性特质与性格。而女孩甚至已经放弃了她的性别身份，在整体上更彻底地实现了压抑的工作，却还是没有脱离父亲；她没有冒险让自己去殴打；由于她自己变成了一个男孩，她也使挨打者主要是男孩。

我意识到我在这里所描述的两性之间挨打幻想本质的差别，还没有得到充分的澄清。但我不会试图通过追踪它们对其他因素的依赖来解开这些难题，因为我不认为这些观察材料是详尽的。不过，就现状来说，我还是想用它来检验两种理论。这两种理论彼此对立，尽管它们都是在处理压抑与性特质之间的关系，这两种观点都认为这一关系相当紧密。我可能会立即说，我一直认为这两种理论都是错误的且误导的。

第一种理论的作者不详。多年前一个当时与我很友好的同事提到这个理论并引起了我的注意❶。这个理论之所以如此吸引人，是因为它大胆的简单化，以至于让人唯一好奇的是，除非是在一些零星的暗示中，否则它怎么会出现在这个主题的文献里。它是基于人类的双性恋构造的事实，并断言每个个体的压抑的动机力量是两个性别角色之间的斗争。个体身上占主导地位的性别，也就是发展得更强大的性别，将占次要地位的性别的心理表征（the mental representation）压抑到了无意识中，因此每个人无意识的核心（亦即被压抑的部分），是他的另外一个性别的那一面。这样的理论要能说得通，只有当我们假设一个人的性别是由他的生殖器的形成所决定的，否则无法确定一个人身上更强的性别是哪一种，而我们则会冒着将查询结果的事实本身作为起点的风险。这个理论简单来说就是：男人的无意识与被压抑的东西，可以归结为女性化本能冲动；而女人则相反。

第二种理论是最近才提出的❷。它与第一种理论一致的地方是，它同样主张两种性别间的斗争是压抑的决定性成因。从其他方面来看，它与前一个理论相冲突，而且它寻求的是对社会学的支持，而不是生物学来源。根据艾尔弗雷德·阿德勒（Alfred Adler）所提出的"雄性主张"（masculine protest）理论，每个个体都努力不停留在较次等的"女性化的（发展）线"（feminine line）上，并努力朝向可获得满足感的"男性化发展线"

---

❶ 在弗洛伊德的《有止尽与无止尽的分析》（*Analysis Terminable and Interminable*）（Freud, 1937c）的结尾，他又重新提到了现在这一段，他把这个理论归功于威廉·弗利斯（Wilhelm Fliess）。

❷ 阿德勒（Adler）的压抑理论在《狼人》（*Wolf Man*）的个案历史中曾被简短讨论过（Freud, 1918A）。

（masculine line）发展。阿德勒将"雄性主张"用来解释个性与精神症的全部形成。不幸的是，他对这两种过程几乎没有区分，而这两个过程必须是分开的，并且阿德勒在各个方面给予了压抑这一事实如此少的重视，以至于尝试把雄性主张的教条运用到压抑中，使其有带来误解的风险。在我看来，这样的尝试只会让我们推断出"雄性主张"，即脱离女性特质的欲望，在任何情况下都是压抑的动机力量。因此，压抑的机构将永远是男性的本能冲动，而被压抑的则永远是女性特质。但是症状也会是女性特质冲动的结果，因为我们不能抛弃症状的典型特征——它们是被压抑物的替代品，这些替代品尽管受到压抑的作用，但依然找到了它们的出路。

现在，让我们考虑一下这两种可以说同样都是对压抑过程的一种性欲化（sexulization）的理论，通过将它们应用于我们一直在研究的挨打幻想的例子上来检验它们。原初的幻想"我被我父亲所殴打"在男孩个案中对应着女性化的态度，因此是他的属于异性性别部分的一种表达。假使他这个部分经历了压抑，那么第一种理论似乎是正确的，因为这个理论的规则就是属于异性性别的部分与被压抑部分一致。但它几乎没有回答我们的期待，的确，我们发现压抑作用完成之后产生的意识幻想，仍然再次展现出女性化的态度，虽然此时是指向母亲的。但当所有问题可以这么快地被确定下来时，我们就不会探究这些令人质疑的论点了。毫无疑问，女性个案中起初的幻想即"我被我父亲殴打（也就是，我被爱）"表现了一种女性化的态度，与她身上占主导并外显的性别一致。因此，根据这个理论，它应该摆脱压抑，那么也就不需要变成无意识了。但事实上，它确实变成了无意识的，而且被一个否认女孩外显性征的意识化幻想所取代。所以，这个理论并无法解释挨打幻想，而且与事实相矛盾。或许有人会抗议认为，恰恰是在这些不男性化的男孩与不女性化的女孩身上，挨打幻想出现并经历了这些变迁；或正是男孩身上的女性特质与女孩身上的男性特质必然地导致了男孩的被动幻想及女孩的压抑。我们倾向于赞同这个观点，但要捍卫显性性征与选择何者被压抑之间所假定的关系，是不太可能的。最后看来，我们只能说在男性与女性个体中都可发现男性及女性的本能冲动，而且两者都同样可以经过压抑而进入无意识。

雄性主张的理论似乎更能经受住挨打幻想的验证，仍然能够站得住脚。在男孩和女孩的个案中，挨打幻想皆与女性化态度相对应——也就是个体逗留在女性化的发展线上——而不管男孩或是女孩都通过压抑这个幻想来尽快摆脱这种态度。尽管如此，似乎只有在女孩身上，雄性主张才会获得成功，而且，在那样的情形下的确可以找到运作雄性主张的最理想范式。在男孩身上，结果则并不完全令人满意，女性化发展路线没有被放弃，男孩也当然不是在他的意识化受虐幻想里"占上位"（on top）的那一个。因此，如果我们承认这个幻想是因雄性主张的失败而产生的一种症状，就会同意从这个理论得出的预期了。但肯定令人不安的事实是，女孩源自压抑力量的幻想，也有着一个症状的价值和意义。在这种情况下，雄性主张既然已经完全达到了目标，症状形成的决定条件当然是不存在的。

在我们因这个困难而开始怀疑雄性主张的整个概念并不足以解答神经症与性倒错的问题，并且认为把它应用到它们上面是无效果的之前，我们将暂时把被动的挨打幻想放在一边，将注意力转向婴儿性生活的其他本能表现上——那些同样经历了压抑的表现。没有人会怀疑也有愿望与幻想在本质上遵从了男性化发展线（masculine line），并且是男性化本能冲动的表现——例如施虐倾向，或一个男孩源于正常俄狄浦斯情结的对母亲的贪欲。同样可确定的是，这些冲动也被压抑所压倒。如果雄性主张被认为令人满意地解释了被动幻想的压抑作用（稍后变为受虐的），那么出于同样的原因，它将变得完全不适用于对主动幻想的相反案例进行解释。亦即，雄性主张的学说与压抑的事实完全不相容。除非我们准备好抛弃自布洛伊尔第一次宣泄治疗以来，以及通过宣泄治疗的中介，所获得的所有心理学知识，否则我们不能指望雄性主张原则会对神经症与性倒错的澄清有任何意义。

精神分析理论（一种基于观察的理论）坚定地认为压抑的动机不应当被性欲化。人类古老的遗产形成了无意识心智的核心；而那遗产的任何一部分，都不得不在随后的发展阶段中被淘汰，因为它与新的部分不适用或不兼容且对其有害，于是沦为了压抑作用的受害者。这种选择在一组本能中比另一组更成功。凭借已经常被指出的特殊环境❶，后一组本能，即性本能，能够击败压抑的意图，并通过一种令人不安的替代形式强化它们的表征。由于这个原因，压抑之下的婴儿性欲，充当了症状形成的主要动力；而其内容的本质部分，即俄狄浦斯情结，是神经症的核心情结。我希望在这篇文章中，我已经提出了一个期待，即儿童期以及成熟期的性反常都属于同一个情结的不同分支。

---

❶ 例如弗洛伊德的论文《关心心理功能两个原则的公式》（*Formulations on the Two Principles of Mental Functionin*）（Freud，1911*b*）。

第二部分

评论与解读《一个被打的小孩》

不是写给野蛮人——赏析《一个被打的小孩》

杰克·诺维克❶、克里·K.诺维克❷（Jack Novick & Kerry Kelly Novick）

　　精神分析不同于其他科学，例如，对物理学或天文学而言，在学科发展早期的研究最多只是基于好奇，但是与个人及其领域相关的历史是精神分析的核心。精神分析师假定我们都会把过去带到现在，并持续根据后来的经验去修改过去。因此，我们把我们的适应、妥协和冲突解决中的优点和缺点都传递给了未来。在个人分析或在我们的理论研究中，精神分析师试图了解我们能从过去学到些什么来纠正错误使其不再延续。正是本着这种精神，我们认为继续研读历史精神分析论文，尤其是那些对精神分析思想发展至关重要的精神分析论文，比如《一个被打的小孩》（*A Child is Being Beaten*），是很重要的。

　　并不是每个人都认为这篇论文很重要。彼得·盖伊（Peter Gay，1988）作为弗洛伊德最新的传记作家，甚至对该论文只字未提。尽管琼斯（Jones，1955）将其形容为"精湛的分析研究"，在我们看来，他通过表示"1919年，弗洛伊德更专注于理论的时候，却转而出版了一篇让人想起他更早期作品的纯粹的临床研究"来否认其重要性。琼斯这段评论的上下文，是在说弗洛伊德的理论创新性在力比多理论（libido theory）的发展进程中达到了顶点，琼斯似乎认为《一个被打的小孩》（*A Child is Being Beaten*）对弗洛伊德理论建构的演变没有任何帮助。然而，我们发现，这篇

---

　　❶　杰克·诺维克（Jack Novick）是密西根大学与韦恩州立大学精神治疗系之临床副教授，并在纽约联邦学会和密西根精神分析机构中担任训练及监督分析师一职。

　　❷　克里·K.诺维克（Kerry Kelly Novick）服务于密西根精神分析机构，并为 Allen Creek 幼儿园的临床主任。

文章的一个主要优点在于它包含了大量的构想。弗洛伊德以一系列的六个个案作为其构想的实证基础，且使用这个相对简短的、临床描述的片段去阐述、再阐述或放大主要的临床和理论概念：①幻想的中心作为内部和外部经验的组织者，作为合成的产物；②幻想与自慰冲动满足之间的联系；③幻想的转换和变迁——压抑和退行；④俄狄浦斯情结的中心作用是神经症的形成，以及挨打幻想的性欲化；⑤记忆的变迁及其复杂性与重组；⑥后俄狄浦斯期发展的重要性，在施受虐的动力中内疚感和羞耻感的关键作用，伴随与"不相容想法"的动机力量有关的羞辱体验；⑦不相容想法作为压抑的动机；⑧父亲角色在俄狄浦斯情结中的重要性；⑨幻想对人格及病理性的无意识作用，包括比如偏执的严重病理性，以及升华的观念也得到了阐述。此外，这是弗洛伊德唯一一篇把女性作为理解和发展的模型的论文。

确定此文的重点并不容易，因为每一个要点都值得单独讨论。但其中许多地方是相互关联的，并可囊括在我们处理正在发生的施受虐的临床与理论问题中。我们可以用一种倾听病人话语的方式来读精神分析论文：关注它的长处与能力、所浮现的冲突、材料的形态特征，以及现在与过去的境况。当讨论弗洛伊德的论文时，我们将会触及这四个维度中的每一个，来检验此文与我们目前对施受虐癖多方面表现的理解的持续相关性。

检验一篇历史性论文时，我们有一个优势，类似于临床场景中可进行的反思一样：错误，就像冲突，会被重复，除非它们被注意到、记住、相对当下现实进行测试。我们获得的洞识有时会被遗忘，必须重新被发现。正如自我分析需要重复，我们会重读旧文以发现被遗落的要点，注意到在写作时没有被公开承认的东西，并重点关注到弗洛伊德未加以发展，或没有意识到，可作为进一步理论发展起点的地方。

共情是另一个咨询室里的临床技巧，可用于有效阅读一篇论文。共情现在已被不同的理论纳入，但费伦奇和弗洛伊德（Ferenczi & Freud, 1912 & 1913）在很早的时候就彼此和各自对共情进行了广泛的讨论（Ferenczi, 1955 [1928]; Grubrich-Simitis, 1986）。弗洛伊德所谓的 "*Einfühlung*"，部分包含了积极地去理解病人所创建的过去和现在的整体境况。所以我们可能会问当弗洛伊德撰写此文时，他正处于其理论建构的哪个位置上。

1919 年前，弗洛伊德在其理论发展上遭逢挫折，他的地形学理论（topographical theory）被证明不足以解释施受虐癖的现象与功能。他所面临的是他的临床工作和外部事件都超越了快乐原则（the pleasure principle）的解释力量。他正处于创作的危机中——他计划的元心理学（metapsychology）的书还没有写，十二篇元心理学论文中有七篇不见了或被销毁了。我们可以推断，由于前结构理论（prestructural theory）的局限，他的紧张情绪不断加剧。弗洛伊德在他的整个职业生涯中都在纠结施受虐癖的问题；事实上，其理论的每一次重大转变都源自于持续努力去理解和解决这种病理。

他的个人生活对理解这一作品背景很重要。弗洛伊德的三个儿子、他的女婿、侄子在第一次世界大战期间都在军队服役，其信件显示出他对他们安危的持续担忧。在战争即将结束的时候，弗洛伊德的儿子马丁被意大利军方监禁，几个月来，他的家人都不知道他的下落。到了 1915 年，弗洛伊德的大多数年轻同事都去从军，他曾向卢·安德烈亚斯·萨洛米（Lou Andreas-Salomé）抱怨说，自己又一次独自一人了。他没有病人，从 1916 年直到第一次世界大战结束的两年后，都在为家人买食物而为难。他的妻子在战后感染了流感和肺炎，而营养不良使她恢复得很缓慢。直到 1920 年，弗洛伊德的工作仍然受到纸张短缺的影响。

所以，在面对着理论的受挫及个人的贫困、焦虑、痛苦时，弗洛伊德转向了一种他称之为"受虐狂本质"（Freud，1919：189）的实证研究。他说挨打幻想同时代表了被贬损的对父亲的生殖器爱（genital love）以及对乱伦愿望的惩罚。为了便于研究和比较弗洛伊德的观点及后期的发展，我们将在这里使用 1970 年我们对小孩挨打幻想的研究（Novick & Novick，1996 [1972]）中对弗洛伊德的思想小结。

从成人的分析材料中，弗洛伊德重建了男孩和女孩的挨打幻想的顺序变迁。他指出这种幻想首先出现在学龄前，且不会晚于五六岁。在女孩身上可分成三个阶段。

（1）"父亲正在打我恨的小孩"：弗洛伊德怀疑，与其说这是一种幻想，还不如说其实它可能代表了一种"已经发生过的欲望"的回忆。这个第一阶段的动机是小孩的嫉妒与同胞竞争。弗洛伊德质疑第一阶段是否可以被描述为是性欲的，并给出了完整的意义："父亲不爱其他小孩，他只爱我"。

（2）"我在被我的父亲殴打"：在弗洛伊德的构想中，第二阶段是第一阶段深刻转化后的结果。虽然殴打者仍然是父亲，但被打的人却不约而同地总是那个产生幻想的孩子。此幻想是一种"毫无疑问的受虐型人格"，同时代表了被贬低的对父亲的生殖器爱以及对乱伦愿望的惩罚。此阶段从未被记住过，而且弗洛伊德补充道："从某种意义上说……从未真正地存在过。"

（3）"一个老师（父亲的代替者）在打小孩（通常是男孩）"：此阶段与第一阶段一样，在意识上是有记忆的，但并不像第一阶段，而是更像第二阶段，因此也与它关联在一起，有着强烈且清晰的性兴奋附着于上。

弗洛伊德曾期待但并没有在男孩挨打幻想中找到一个平行的序列，他描述男性的第三（意识）阶段幻想是"我在被我的母亲（或其他女性）殴打"，在它之前是无意识幻想："我在被我的父亲殴打"，这对应了女孩的第二阶段；因此，两性的挨打幻想都是源自于对父亲的俄狄浦斯式依恋。弗洛伊德并没有在男孩那里找到存在一个第一阶段的证据，这个阶段中挨打没有性欲意义，而是出于嫉妒。尽管如此，他觉得进一步的观察可能会揭示出，男孩也有这样的第一阶段。

值得注意的是，根据目前女权主义者对弗洛伊德的批评，在这篇论文中，他清楚地区分了其男女病人的心理特征。他将女性幻想作为模型，但告诫不要在两性之间进行太近的类比，而其他作者在描述挨打幻想时经常忽略掉这一区分。

弗洛伊德所描述的挨打幻想的演变，包括了关于记忆运作的根本公式化（radical formulation）。弗洛伊德指出，对意识幻想（即显性内容）的分析发现了那些对曾经目睹过或者欲望过的涉及父亲殴打孩子的事件（潜在内容）的回忆。其中所描述的身体虐待，是否真的发生过呢？弗洛伊德强调记忆与欲望之间复杂的交互作用，欲望不仅可以决定被感知和回忆的东西，还能构成记忆本身，并与现实相混淆。第二阶段的强烈愉悦的想法可能代表了对性虐待的一段记忆，或是一种"恢复的记忆"（recovered memory），为了获得公众注意或是在庭审上用于起诉父母。弗洛伊德清楚地表明，第二阶段从来都不会被记住，而是一种分析的建构，是病人与分析师共同得出的。弗洛伊德（Freud，1919：185）如此说道："从某种意义上而言，它从未真正地存在过。"他所强调的记忆的复杂性、可延展性及有倾向性的本质，正是目前心理学和精神病学关于恢复记忆之可靠性的争论核心所在。洛夫特斯（Loftus，1993 & 1994）最新的对错误记忆移植的研究；戈纳威（Ganaway，1989）有关多重人格障碍、暗示性、催眠性，以及虐待报告的研究；雅普克（Yapko，1994）的展示，证明了那些使用催眠、药物与用暗示恢复记忆的治疗师的天真和无知——这些都证实了弗洛伊德关于记忆的基本理论。在他的屏障记忆（screen memory）文章的最后，弗洛伊德（Freud，1899：322）陈述道："的确可以质疑的是，我们是否真的拥有任何来自童年的记忆。与我们的童年相关联的记忆，也许就是全部我们所拥有的了。"

当前对治疗关系中互动与技巧的强调，是以减少对精神机制的重视为代价的，似乎导致了对记忆兴趣的减退。在这篇论文中，弗洛伊德让我们面对的是记忆的错综复杂性，以及它在理论和技术上的中心地位。此外，他以 *Nachträglichkeit* 理论或称事后性理论，来解释在第三阶段中挨打幻想的出现、强化与修饰。他指出，教师殴打男孩的有意识幻想似乎是在外部经历的推动下出现的，比如在学校目睹过殴打事件，或阅读像《汤姆叔叔的小屋》（*Uncle Tom's Cabin*）这样的书，这类记忆持续地出现在其病人的临床材料中。现代的等价物可能就是，处于发展的新阶段中的孩子被暴露在电视上的暴力情节中，那将会影响到小孩早期阶段的记忆和幻想。因此，我们看到弗洛伊德在对挨打幻想阶段的临床现象学描述中，假设了记忆与幻想两者错综复杂的变形。弗洛伊德关于事后性（deferred action）的理论可以有效地运用于发展过程中记忆、幻想与意义的转化中，其中功能上的改变反映了内部和外部现实的变化（Novick & Novick，1994）。

1913 年，弗洛伊德写道："从一开始精神分析就是指向跟踪一个发展历程的"，《一个被打的小孩》显示了他是依靠在一个发展性框架中去思考，以生成理论知识和临床见解的。在以上的转化内容中，已经提到了发展阶段是如何影响内外在事件的体验的。也提到了弗洛伊德对小孩经验的共情、对孩子在发展早期对什么是有感觉和有理解力的感受，这些都清楚地显现在他所描述的当孩子面对更吸引父母爱的年幼弟妹的反应中："许多小孩坚信自己坐拥父母不可动摇的爱，他们从他们想象的无所不能的天堂中被一击而下。"（Freud, 1919: 187）

在这篇论文的随后部分，弗洛伊德做出了免责声明："在我们对挨打幻想的讨论中，对受虐的起源仍然所知甚少。"然而，早些时候，在描述被父亲殴打的重构幻想仿佛是"内疚感和性欲爱的汇聚"时，弗洛伊德说道："至此，我们第一次掌握了受虐癖的真髓。"这一明显的矛盾反映出了一种持续的困难，即对受虐起源的概念化，以及对"超越快乐原则"中的现象起源的概念化，这个谜题把这篇文章中挨打幻想的焦点引到了对内疚感以及心灵中一个将它自身与自我的其余部分对立起来的严厉的良知机构的关注。后来弗洛伊德将其描述为超我（Freud, 1923, ch. 3）。这个被维尔姆泽（Wurmser, 1993）恰当地形容为"受虐之谜"（riddle of masochism），让弗洛伊德在 1924 年假设了另外一个可能的解答——原初受虐（a primary masochism）的概念，即痛苦中的快乐或情欲性受虐，是由涅槃或恒常性原则（constancy priciple）而不是快乐原则所支配的。

挨打幻想论文相对晦涩的一个理由，是因为它与 1924 年弗洛伊德的《受虐癖的经济学问题》（*The Economic Problem of Masochism*）相矛盾，并在某种程度上被后者所取代了。在那篇论文中，他扩展了挨打幻想的意义。弗洛伊德再次使用了发展性框架，指出在口欲期有被吃掉的恐惧，被父亲殴打的愿望作为一种肛门施虐冲动，阉割是阳具阶段（phallic stage）幻想的受虐内容，而交媾和生孩子的愿望是原初受虐出现在最后的生殖器组织时期的变形。在 1924 年的论文中，他使用了融合、去融合（defuse）、超我以及道德受虐来论述 1919 年的论文中所提到的或所回避的问题。然而，阅读挨打幻想的这篇论文仍然是至关重要的，以便了解 1924 年的论文中被省略或不受重视，以至于被后代的精神分析师所丢失的内容。

之前我们列出了在弗洛伊德的《一个被打的小孩》论文中许多重要想法的一部分。接下来我们将聚焦于那些有关施受虐癖的至今仍具有相关性的观点。

（1）施受虐癖的自恋因素　1924 年后，解释的重点集中到了施受虐癖的驱力因素上；而在 1919 年的论文中，弗洛伊德强调了羞耻、羞辱和内疚的作用。他描述他的病人抗拒承认和表达一个小孩被打的意识幻想，而他将这种阻抗与那些因幻想产生的性兴奋而感到的羞耻感联系了起来。第一种形式的幻想（"父亲正在打我恨的小孩"）被视为是由不得不放弃独享父母爱的位置所产生的羞辱感，以及羞辱仇敌的愿望所激发的。最近，精神分析师们再次将他们的注意力转向了受虐现象的自恋成分上（可参照 Novick & Novick，1996a，ch. 3）。

（2）施受虐癖与客体关系　弗洛伊德在 1924 年的原始情欲性受虐（primary erotogenic masochism）的概念中，强调了施受虐癖中的驱力成分，让许多人忘记了只有在客体关系的背景下，驱力才会显现出来。在《一个被打的小孩》一文中，弗洛伊德根据造成父母关系改变的内外在的决定因素来描述幻想的转变。挨打幻想暗示着一种特殊的关系——权力与服从的关系：弗洛伊德描绘了它是如何从被摘下独享父母爱的冠冕的小孩的愤怒与屈辱中产生的，即出于内在的无助、受伤与愤怒，小孩建构了他的愿望，父亲应该殴打并羞辱被鄙视的竞争对手。从"施虐"愿望到被父亲殴打的"受虐"愿望的转变，是由俄狄浦斯期的内在改变所促使的，也导致小孩希望成为父亲爱的接受者，并为他生孩子。因此，1919 年的论文中包含了一个清晰的施受虐癖中的客体关系模型。

（3）挨打幻想在性格上的作用　弗洛伊德指出，幻想的第二个无意识阶段，即孩子自己被父亲殴打，具有"对性格的影响作用"。他注意到，怀有此无意识幻想的人，会对父亲人物产生一种特别的敏感与易怒的情绪。他们很容易受到权威人物的冒犯，并因此引发被父亲殴打的情境。他还认为，挨打幻想可能是妄想症中"妄想性好讼"（delusional litigiousness）的基础，施受虐癖与性格之间的关系是一个值得进一步探究的观点的很好的例子。沿着这些思路，布卢姆（Blum，1980）描述了一个介于妄想与挨打幻想之间的动力性连结。

（4）挨打幻想的性欲化　弗洛伊德在他对幻想的发展序列的陈述中，一再强调俄狄浦斯情结所扮演的角色。在第一阶段，目标不是主要指向性欲，而是对兄弟姐妹的攻击。在第二阶段，对父亲的俄狄浦斯乱伦爱被压抑，挨打幻想代表的"不仅是对禁忌性的生殖器关系的惩罚，而且也是对这种关系的退行性替代品，源自幻想的力比多兴奋（libidinal excitation）从此附于其上，并通过自慰行为找到了它的宣泄出口"。1970年的研究证实了挨打幻想中性欲期与前性欲期的区别。在托儿所观察到的小孩和在分析中接受治疗的小孩的材料显示出挨打愿望的不同顺序。有一段时间里几乎所有的小孩都根据权力和控制来形成他们的关系概念。主动的攻击性冲动的释放，如打、撞或制服等，与肛门期有关。这个阶段所发展的挨打愿望与弗洛伊德所描述的挨打幻想的第一阶段相似：其重要的特征是，它是攻击性的，而非性欲化的，是在行动中被释放的，是符合肛欲阶段的，且在两性身上上都会发生。施虐性交理论（the sadistic intercourse theory）（Freud, 1998）是肛欲期的关系概念持续并泛化到生殖器期的冲动。挨打愿望通过施虐性交理论变得性欲化。阳具期（phallic stage）的男孩和女孩都会玩打闹或追捕的游戏，伴随着强烈的性兴奋。在这些游戏中，小孩轮流扮演攻击者及受害者的角色，在此过程中或之后通常有弥漫的性兴奋及自慰。当意识到性别差异后，挨打获得了更深的含义。从肛门期，它承载了处罚和失去爱的意义；阳具期早期它代表了父母的性交，而且在这个时期，当有了性别差异，它同时代表了阉割和性交中女性的位置。在这里我们经常发现男女之间的分歧。最近，加伦森（Galenson, 1988）和格伦（Glenn, 1984）对这一现象进行了探索，对其复杂而丰富的多层发展进行了技术和理论的洞察。弗洛伊德将挨打幻想的转化持续描述到后俄狄浦斯时期，直到学龄的早期与晚期。然后他注意到，施受虐癖在青少年期被克服或巩固。这也是一个可以进一步探索的有用的领域，会对包括研究病人的青少年经历的技术重要性发生影响（Novick & Novick, 1994 & 1996b）。

（5）施受虐癖作为一种动力性还是疾病分类学实体　关于这个问题，目前有一场辩论（Panel, 1991）。弗洛伊德在这篇论文中同时采纳了双方的立场，但提供了证据，证明了挨打幻想，也就是施受虐癖在许多诊断分类中可以找到，并且起因于一系列发展性和动力性的力量。

（6）挨打幻想是受虐的真髓　弗洛伊德的有关施受虐癖的后期著作，尽管增加了关键的维度，似乎失去了对幻想作为组织性角色的这一批判性洞察，不再认为对幻想的历史、变迁、决定因素和功能的研究可以打开进一步理解施受虐癖的大门。

我们已经概述了弗洛伊德论文中与施受虐癖理论相关的一些优点，那么缺点是什么呢？弗洛伊德本人也承认，这项研究并没有揭示施受虐癖的起源。为了寻求这一理解，他找到了修正驱力理论的解决方案，提出了原始情欲性受虐的概念（Freud，1924）。另一个解决方案包含在内疚感和对惩罚的需求的想法中，弗洛伊德将其发展为超我概念和结构理论。这两种演化进程都已经简要地讨论过了。

《一个被打的小孩》的一个刺眼的遗漏是，在施受虐癖的起源和挨打幻想中的前俄狄浦斯期母亲角色。弗洛伊德完全没有提到女病人的母亲，且只提到男病人的俄狄浦斯期母亲。通过扩展发展序列的两端，弗洛伊德找到了解决施受虐癖理论困难的两个解决方案，即回溯到口欲期的原始受虐概念，以及延伸到婴儿期尾声的施虐性超我和受虐性自我的结构模型的建构。因此，对弗洛伊德来说，施受虐癖的要素包含了整个发展跨度，这一概念在后来的争论中消失了，那是关于施受虐癖的决定因素是前俄狄浦斯期还是俄狄浦斯期的争论（Novick & Novick，1987）。这使得对母亲的忽略更加引人注目了，因为，例如，即使在口欲期，弗洛伊德所写的也是被父亲吃掉的受虐恐惧。在接下来的发展阶段中，像弗洛伊德所描述的那样，施受虐癖幻想的主要客体是父亲，他在肛门施虐水平殴打，在阳具水平阉割，在俄狄浦斯期水平制造婴儿，并且作为一个施虐禁令者被内化到超我中。

与弗洛伊德对母亲的忽略一致的是，在其1919年的论文中，他把女性化、被动性和受虐位置等同了起来。这一假设导致了"正常"女性受虐癖概念的成立，尽管被各方严厉批评，但仍然受到了广泛的文化与精神分析的传播。在我们的任何研究中，都无法证实这一等式的成立。我们也不同意可能包含痛觉的体验或活动（例如分娩或自我牺牲）的选择必然是受虐的。因此，我们没有发现女性化功能、被动性与受虐癖之间的关系。如戴维斯（Davis, 1993）所述，弗洛伊德和后代分析师用许多不同的方式使用"被动"这个术语。弗洛伊德早期和最持续的"被动"术语的使用，是与驱力冲动的方向有关。"被动"的愿望如想要被做、被打、被插入（penetrated）等与受虐癖相联系（Freud, 1905），并等同于女性在性交中的位置。这些用法与文法上主动语态和被动语态一一对应。然而，弗洛伊德和其他作者也用"被动"来描述自我的特质，与有目的的、目标导向的、聚焦的行为相反。在我们的工作中，我们发现区分被动和接受性是有帮助的[Novick & Novick, 1996a（1987）]。我们把被动性看作一种自我的特质，它的病态极端表现是跟父母无力持续给予关注的体验有关的。另外，"受虐者有高度接受性，且随时准备好接受来自外部世界的任何刺激……受虐者在追求痛苦和失败上非常主动，部分原因是为了与一个侵入性客体保持接受性的关系。"

可以从我们的研究中证实的弗洛伊德的发现，是他所描述的男女挨打幻想的差别，以及其临床意义上的病理程度的显著差异。我们的研究表明，短暂的挨打幻想可以是女孩正常的后俄狄浦斯发展的部分[Novick & Novick, 1996a（1972）]。另外，一个固着的殴打幻想，经过青春期的巩固之后，会成为小孩性心理生活中的永久部分，提供多重心理功能，对男女来说都预示着严重的潜在施受虐癖病态。

弗洛伊德另一个奇怪的遗漏，是对他同时期著作的参照：他并未将挨打幻想与小孩性理论，尤其是性交的施虐理论联系在一起（Freud, 1908）。在我们自己对小孩的挨打幻想（Novick & Novick, 1972）与施受虐癖（Novick & Novick, 1987）的研究中，我们发现性交的施虐理论具有普遍性，且在挨打愿望的性欲化中具有中心地位。我们还发现那些构建挨打幻想的小孩会编造超越被打本身的故事。进一步的分析表明，挨打之后总是伴随着父母或其代替人物把小孩视作特别的人，配得上不寻常的特殊待遇。一个小孩幻想挨打之后双亲会道歉，而且母亲会在他屁股上涂润肤液[Novick & Novick, 1996a（1972）: 12]。弗洛伊德也没有在1919年的论文中提到人格类型，尤其是他所描述的"例外者"（the exce-ption），即那些命运的受害者，感到自己有权成为正常规则下的一个例外（Freud，1916）。我们对小孩、青少年与成人的分析数据拓展了施受虐癖的概念，从过去仅等同于成人性倒错，延伸到感觉自己是他人的不公待遇的受害者的体验，这种状况可以随后被用于维护自恋的正当性或应得的权利。由此，弗洛伊德所认为的，有一个存在挨打幻想的性格分支被进一步的研究所证实了。

弗洛伊德在1919年提出挨打幻想是受虐的真髓，但他从未进一步发展这个观点。我们对其观点的应用揭示了在"例外"人格种类中的施受虐癖。这也适用于弗洛伊德1916年的文章所描述的另外两种人格种类，从一个潜在的挨打幻想可以辨别出存在施受虐人格干扰的结构。"因内疚感而成为的罪人"有一个施虐的超我，攻击一个受虐的自我，因此很容易地符合了我们对弗洛伊德观点的延伸设想。"被成功摧毁的人格"，最终被弗洛伊德解释为一种负性治疗反应，他将其描述为一种源自道德受虐的需要被惩罚的临床表现（Freud，1923 & 1924）。那些被成功摧毁的人无法承受喜悦感或成就感，会呈现出一段与母亲的施受虐关系的历史，这种关系是为了保护一种母子双方都对彼此至关重要的影像。在治疗中负性治疗动机的运作（Novick， 1980），目的是为了破坏分析，以保护施受虐癖的人格组织。但一个病人为什么要如此努力地保存这种病态呢？这反过来引出了另一个问题，即施受虐癖在人格运作上所起的作用。

施受虐癖系统所提供的多重功能，反映了它多层次的来源。在我们看来，每个发展阶段都对施受虐癖的临床表现有所贡献。婴儿期的痛苦经验被转化为一种依恋的模式，接着变成了一种欣然接受的特殊感和无限的破坏能量，然后又变成了一种与俄狄浦斯父母平等的信念，最后，则是成了通过强逼他人来满足自身婴孩愿望的全能幻想。到了学龄期，那些发现这些解决早期冲突的方法的孩子们，已经建立了一个神奇的全能思想体系，破坏了他们与现实互动的替代途径。到了青春期和成年期，他们越来越难不诉诸不断升级的自我毁灭行为，以便去否认、回避或扭曲现实。这些观点的所有要素都可以在弗洛伊德 1919 年的研究中找到，其中包括对文化的影响和以外化作为一种重要的施虐病理机制，尽管这篇论文提出的观点的许多方面后来被淹没或从未被进一步探究。我们不断发现这篇论文是临床与理论见解和建议的丰富来源，但它已先一步深入阐述了一些与表现出有施受虐癖功能的病人一起工作时的困难。

施受虐癖组织所提供的多重功能，会导致在治疗中多方面且难以处理的技术难题。在弗洛伊德生命的晚期，虽然施受虐癖现象已经促使他对理论进行了许多修改，但他还是被施受虐癖问题的处理所困扰。 1940 年，他写道，我们在处理受虐病人这方面仍然"格外不足"。此后，其他分析师也经历了同样的挫折（可参照 Meyers，1988），这种面对施受虐癖病人时的治疗僵局使我们困窘无助。

在前文中，我们提到过假如使用类似于我们倾听病人的方式来阅读一篇精神分析文献的话，会很有启发：我们对手头材料的背景知识，是随着时间逐渐建立起来的，包含了病人的过去和现在及双方的移情和反移情。假如我们看看弗洛伊德在写《一个被打的小孩》时生活的整体状况，我们可以看到安妮·赖希（Annie Reich，1960）所描述的自尊调控的正常态和病态形式。在论文中弗洛伊德描述了一个封闭的施受虐癖系统。但他的人生却体现了面对困难问题找出开放的、创造性的、机智的解决之道的典范。面对贫穷、孤立与不能保护和供养所爱的人的无助感时，弗洛伊德没有从施受虐癖的心理结构中寻找解决方案。相反，他做出了一个积极且胜任的回应，找到各种方式挣钱，或是其他形式的报酬——比如有一次是马铃薯！他努力保持自己的焦虑意识，积极地分析自己的梦，以努力掌控自己对儿子马丁失踪的焦虑。

在研究小孩、青少年与成年病人应对冲突时施受虐的解决方法时，我们得出的结论是，施受虐癖不是一个特殊或独立的诊断类别，而是所有病理的一个组成部分。在我们的构想中假定，在一个开放、胜任的自我调节系统中存在一条"健康的"或"适应性"的解决冲突的发展之道，而这个系统是基于通过对独立自主个体的现实感知而建立的互相尊重、欣赏、促进成长的关系上的。另外，还有一个封闭的、全能的施受虐癖系统，基于对痛苦的主动寻求，伴随着从无助感到一种敌意、全能防御的发展变化。

当我们描述这两个系统时：一个是对内在、外在现实开放的胜任系统，另一个是封闭在一个自我永存（self-perpetuating）、施受虐幻想中的全能系统，后者遵循弗洛伊德1919年所描述的挨打幻想结构，我们不是指不同的心理结构（例如本我、自我、超我）、不同的发展阶段，也不是指心灵的意识和无意识区域的不同拓扑学维度，每个都有不同类型的思维组织。相反，我们指的是两种冲突解决与自尊调节的模式，每一种模式都是对发展的任意节点上冲突的可能应对反应。

"我们已经在其他地方声明过，治疗的目的之一是帮助病人意识到他正在使用的系统，去面对那个摧毁他现实能力与成就的全能系统，并最终意识到放弃作为自尊来源的全能感并不会让自己一无所有。当病人费力地通过与他人胜任的、共情的、有爱的互动，以接触产生自尊的另一来源时，两个系统之间会发生冲突。"（Novick & Novick，1996a，68）而只要是个体内心的冲突之处，我们都有各种技术可以联合病人的自我去解决困难的来源。

如果我们以分析的立场阅读弗洛伊德1919年的论文，那就不仅是出于一种对历史的好奇心了。我们看到有很多被后人忽略或丢失的理论，而这些丢失的观点许多都与施受虐癖的当代精神分析理论有关。我们分析性的耳朵还注意到了遗漏和扭曲，我们的工作朝向整合而不是重复。当我们倾听病人的材料时，我们吸收现在，将它与过去连接，并扩展至未来。所以对于这篇论文我们包含了更早期的概念，也提到了1919年之后观点演化后的变形。最后，我们对这篇论文的分析式倾听还加入了弗洛伊德个人生活的大背景图，可以引导我们进一步扩展理论及技巧，去应对施受虐癖的持续谜团。

做一名分析师就要沉浸在历史中——包括分析小节、分析、个人及其家庭的人生、个体本身和精神分析思想的历史。但是我们深知，历史可以改写，以适应当下的需求。我们在病人身上看到这一点，而且我们耗费大量的时间去对抗这种对个人历史的重写倾向。在一本近来的散文集里，以赛亚·

柏林（Isaiah Berlin，1991）指出："只有野蛮人不好奇自己从哪里来、如何来到所在之处、要前往何处、是否希望前去等问题；如果是这样，为什么呢？如果不是，又为何不是呢？"

参考文献

Berlin, I. 1991. *The crooked timber of humanity: Chapters in the history of ideas.* New York: Knopf.

Blum, H. P. 1980. Paranoia and beating fantasy: An inquiry into the psychoanalytic theory of paranoia. *J. Amer. Psychoan.* 28: 331−62.

Davis, R. H. 1993. *Freud's concept of passivity.* Madison, Conn.: International Universities Press.

Ferenczi, S. 1955 [1928]. The elasticity of psycho-analytic technique. In *Final contributions to the problems and methods of psycho-analysis,* ed. M. Balint, trans. E. Mosbacher et al. New York: Basic.

Freud, S. 1899. Screen memories. *S.E.* 3:303−22.

———. 1905. Three essays on the theory of sexuality. *S.E.* 7: 125−243.

———. 1908. On the sexual theories of children. *S.E.* 9:207−26.

———. 1912. Recommendations to physicians practising psycho-analysis. *S.E.* 12:109−20.

———. 1913. The claims of psycho-analysis to scientific interest. *S.E.* 13:163−90.

———. 1916. Some character-types met with in psychoanalytic work. *S.E.* 14:311−36.

———. 1919. A child is being beaten. *S.E.* 17:175−204.

———. 1923. The ego and the id. *S.E.* 19:12−59.

———. 1924. The economic problem of masochism. *S.E.* 19:157−70.

———. 1940 [1938]. An outline of psychoanalysis. *S.E.* 23: 141−207.

Galenson, E. 1988. The precursors of masochism: Protomasochism. In *Masochism: Current psychoanalytic perspectives,* ed. R. A. Glick and D. I. Meyers, 189−204. Hillsdale, N.J.: Analytic.

Ganaway, G. K. 1989. Historical versus narrative truth: Clarifying the role of exogenous trauma in the etiology of MPD and its variants. *Dissociation* 2:205−20.

Gay, P. 1988. *Freud: A life for our time.* New York: Norton.

Glenn, J. 1984. A note on loss, pain and masochism in children. *J. Amer. Psychoan.* 32:63−73.

Grubrich-Simitis, I. 1986. Six letters of Sigmund Freud and Sandor Ferenczi on the interrelationship of psychoanalytic theory and technique. *Int. Rev. Psychoanal.* 13:259−77.

Jones, E. 1955. *The life and work of Sigmund Freud: Years of maturity.* Vol. 2. New York: Basic.

Loftus, E. F. 1993. The reality of repressed memories. *Amer. Psychol.* 48:518−37.

———. 1994. The repressed memory controversy. *Amer. Psychol.* 49:443−45.

Meyers, H. 1988. A consideration of treatment techniques in relation to the functions of masochism. In *Masochism: Current psychoanalytic perspectives,* ed. R. A. Glick and D. I. Meyers, 175−89. Hillsdale, N.J.: Analytic.

Novick, J. 1980. Negative therapeutic motivation and negative therapeutic alliance. *Psychoanal. Study Child* 35:299–320. New Haven: Yale University Press.

Novick, J., and Novick, K. K. 1972. Beating fantasies in children. *Int. J. Psycho-Anal.* 53:237–42.

———. 1996a. *Fearful symmetry: The development and treatment of sadomasochism.* Northvale, N.J.: Jason Aronson.

———. 1996b. A developmental perspective on omnipotence. *J. Clinical Psychoanal.* 5:129–74.

Novick, K. K., and Novick, J. 1987. The essence of masochism. *Psychoanal. Study Child* 42:353–84. New Haven: Yale University Press.

———. 1994. Postoedipal transformations: Latency, adolescence, and pathogenesis. *J. Amer. Psychoan.* 42:143–70.

Panel 1991. Sadism and masochism in character disorder and resistance. M. H. Sacks, reporter. *J. Amer. Psychoan.* 39:215–26.

Reich, A. 1960. Pathologic forms of self esteem regulation. *Psychoanal. Study Child* 15:215–32. New Haven: Yale University Press.

Wurmser, L. 1993. *Das Ratsel des Masochismus [The riddle of masochism].* Heidelberg: Springer Verlag.

Yapko, M. D. 1994. *Suggestions of abuse: True and false memories of childhood sexual trauma.* New York: Simon and Schuster.

有关《一个被打的小孩》的临床、历史与文本研究

帕特里克·J. 马奥尼❶（Patrick Joseph Mahony）

弗洛伊德的论文《一个被打的小孩》，引发了评判不一的回应。在琼斯（Jones，1955：308）的观点中，这是"一篇对他的经验精湛熟稔的分析研究"。对波拿巴（Bonaparte，1953：83）而言，"弗洛伊德制造的问题比他所解决的还多"。阿施（Asch，1980：653）则认为，弗洛伊德的论文是"较为臆测性论述的其中一篇，从太少的案例来概括推断"。无论评论如何，《一个被打的小孩》值得我们注意，如果没有其他的理由，便只因为它包含了弗洛伊德对神经症幻想（neurotic phantasy）的阶段转换（phasic transformation）最为充分的精细阐述，尤其是他对导致压抑（repression）的动机进行的最详细的解释，代表了他能够辨认出男孩跟女孩发展线路差异性的分水岭；提出受虐为继发的解释，作为日后理论的中转站（Freud，1924）；以及预示了超我的发现（Freud，1923）。

因此，《一个被打的小孩》，弗洛伊德最复杂的论文之一，有着许多宝贵之处。我将会从以下几个方面逐一探究：它的背景、主要与次要的内容、形式，以及在往后精神分析贡献中所处的地位。

---

❶ 帕特里克·J. 马奥尼（Patrick Joseph Mahony）是加拿大皇家学会成员，并在加拿大精神分析学会中担任训练及督导分析师。于 1993 年获颁 Mary S. Sigoerney 信托的 Sigoerney 奖。

弗洛伊德论文的设置与密切相关的终端（immediate ending）

虽然对挨打幻想的总体性考量占据了弗洛伊德论文的大部分，但他特别重视自己对于受虐起源的理解。他的信件清楚地表达了这一推断，并纠正了史崔齐（Strachey）对论文是在 1919 年 3 月中旬完成并加上标题的论定（Strachey note，1918，S. E. 17：177）。例如，在 1919 年 1 月弗洛伊德写信给费伦奇（Ferenczi）："我仍然被它完全占据了。很快地，我将出版相当分量且可靠的创新观点，来论述受虐的起源。"不到两个月后，他告诉卡塔·利维（Kata Levy），一位病人兼亲密友人，向其说道："此外，我现今处于创造的状态，而且仍然希望能在今晚完成一篇小论文"（未出版的信件，1919 年 3 月 3 日）。这个希望并没有实现，因为弗洛伊德在两个礼拜后再度给费伦奇写信道："我已经完成了差不多 26 页的大胆著作，来论述受虐的起源，标题取名作《一个被打的小孩》。" ❶ 这篇作品于 1919 年夏天出版，但此刻距离问题结束还非常遥远。

另一个故事没多久便展开了。在 1920 年夏季，琼斯写了封信给弗洛伊德，介绍了史崔齐作为病人及可能的翻译者，信中使用了如下的保留性言辞，这封信被随后的历史强烈地反驳了："我希望他可以协助翻译你的作品，我想（他）是一个不错的人，虽然软弱，且也许缺乏韧性。"那年秋季，弗洛伊德开始将詹姆斯·史崔齐（James Strachey）与艾利克斯·史崔齐（Alix Strachey）作为分析对象。在开始治疗不久后，弗洛伊德将琼斯的信件分享给詹姆斯·史崔齐，接着，仅仅数周之后，便指示他跟他太太去翻译《一个被打的小孩》（Jones，1955：410；Clark，1980：427-428；Strachey，S. E. Ⅰ：xxi ）。根据现存信件显示，如同过去他与琼·里韦尔（Joan Rivere）所做的一样，弗洛伊德在对詹姆斯与艾利克斯的分析治疗中，与他们讨论作品翻译的事宜（Steiner，1995：749）。当然，有关翻译的讨论也在分析以外的时间进行；我们发现，弗洛伊德在

---

❶ 我很感激厄恩斯特·法尔兹德（Ernst Falzeder）向我提供了写给费伦奇和卡塔·利维的信件引文。

1921 年 2 月 7 日报告说他隔天会就刚完成翻译的一些事宜让史崔齐给予咨询意见（Freud，1993：409）。那次讨论肯定促使弗洛伊德对文稿进行了进一步的修订，因为在 2 月 23 日给琼斯的一封信中，他表示说希望在复活节前完成这篇论文。此外， 2 月 23 日琼斯也寄信给弗洛伊德，批评了关于史崔齐译本的英文用语和德文转译。然而，这么说吧，面对琼斯完全的错误归结，弗洛伊德支持了史崔齐的立场（Freud，1993：412-413，416）。不久之后，史崔齐的译本荣耀地刊载于国际精神分析期刊的创刊号（1921）。

当我们了解到这篇文章是在一支"坏笔"造成的肢体疼痛下完成时，我们发现了一个在弗洛伊德作品中隐藏的惩罚方面（1919 年 4 月 18 日给琼斯的信； Freud，1993：341）。另一个隐藏的惩罚方面则有着更长、更有趣的历史，并且与当时构思写作《一个被打的小孩》的外在事件相关联。毋庸置疑的是，弗洛伊德会被刺激而去探究挨打幻想，是因为它们是他女儿内在动力的核心，而他的女儿从 1918 年 10 月开始接受弗洛伊德的分析（他在 1922 年春季结束了她的第一次分析）。所以，直到当分析完全展开之后，弗洛伊德才开始着手创作《一个被打的小孩》。安娜（Anna）是他父亲在这篇论文中所提到的六个案例的其中一例（Blass，1993；比较 Young-Bruehl，1988）。在标题中其语法使用了现在进行式，暗示了他对女儿医源性的诱惑与虐待，弗洛伊德对她进行了象征性的殴打并合成了她的挨打幻想（Mahony，1992）。我同时也注意到，在《一个被打的小孩》中，弗洛伊德并没有用到认同（identification）这个词汇，这一词汇上的缺乏，可能是对于在双人关系中彼此强烈认同的防御痕迹。如果弗洛伊德把焦点放在认同上，我默想，他也许可以加快对超我的探索发现。从父亲的分析与弗洛伊德论文共同衍生而来的，是安娜的掩饰、自传体的《挨打幻想与白日梦》（*Beating Fantasies and Daydream*）（Freud，1923）。俄狄浦斯式地产生的那篇文章，同时也成为了她"书写"的通行证——它是呈交给维也纳精神分析学会作为会员资格审核的论文，而此学会的主席不是别人，正是身为她父亲与分析师的弗洛伊德。安娜形容着她的俄狄浦斯的乱伦幻想是如何退行至肛门期，然后以挨打幻想伴随着自慰来显现；最后，这些幻想转变为惩罚性的"好故事"，同时有着性兴奋的可能（安娜与她父亲对于挨打幻想存在理解上的不同，见 Blass，1993）。

弗洛伊德的论文：关于原则事项说了些什么

弗洛伊德的论文包含六个章节。前四部分考量了施虐-受虐的次主题，也就是挨打幻想的演进、形式与重要性，其中有着生殖器含义的感受到被爱或不被爱的相互矛盾的意义。

两位伟大的精神分析主角在弗洛伊德的临床范例中出现：他的女儿，如我们所知晓的；以及狼人（the Wolf Man），在他还是个孩子的时候，有许多自己的和其他人的阴茎被打的幻想（Freud，1918：26，46-47，63-64）。弗洛伊德告诉波拿巴（Bonaparte），这四个女性病人都是处女（Bonaparte，1953）；特定或泛指的男性病人，则大部分是弗洛伊德所归类的真正的性倒错者。然而，由于讲解的困难，弗洛伊德把大部分注意力集中在女性病人上。他坦言道："除了一两个关联之外，假使我没有把讨论限制在女性部分，要对婴儿挨打幻想做清楚的研究是不可能的。"（Freud，1919：195）虽然他将自己局限于描述女性案例，但为了对性倒错得出更广泛的结论，他还倚靠了"相对较大量的"研究较不完整的案例。

在弗洛伊德的定向陈述中，他描述了发展双亲情结（parental complex）中的两个关键阶段（Freud，1919：186-188；亦可见 Freud，1924：173）。在第一阶段，孩子享受于"他们想象全能的天堂之中"，以及跟异性父母之间的"爱恋关系"。由于内在的、种系发生的（phylogenetic）或个体发生的（ontogenetic）状态，又或者是外在事件的发生，如弟弟妹妹的出生，这乱伦的田园诗式的状态会转为悲伤。

弗洛伊德发现，女孩子的挨打幻想，围绕着俄狄浦斯冲突与同胞竞争，分为三阶段发生：首先，父亲殴打一个孩子，这孩子可能是她的手足（如果她有兄弟姐妹的话）；接下来，父亲打的是幻想的作者；最后，她观察到一群男孩接受这一惩罚。根据弗洛伊德对第一阶段的详尽了解，"一个被打的小孩"是它的"幻想表征" ❶。尽管弗洛伊德一开始把"一个孩子被打"看作是第一阶段的意识化幻想的表征，但他之后声明它可能是对一个真实事件的欲望或回忆。接着，他又用一个双重命题来呈现这种幻想的潜在言语表达："我的爸爸不爱另一个孩子，他只爱我。"

我们也应该注意到，虽然弗洛伊德断言第一阶段并不是直接的性欲的，对于是否是施虐性的，他却模棱两可地表示："说它是施虐的是很吸引人，但是我们不能忽略一个事实，即创造出这个幻想的孩子从来没有'亲自进行殴打'。"两页之后，弗洛伊德回头谈到第一阶段时，直截了当地说，没有人可以冒险称它为"施虐的"。但之后，在接近他的第一个理论建构时，他总结道，第一阶段的确"看起来是施虐的"。

幻想的第二阶段是个重建过程，其中，幻想的作者认同了被贬低的对手，现在是"经常"（regularly）（*regelmässig*， 204/185；与标准版第 17 册中的误译相比较："不变地"—— invariably）被她爸爸打。若自我投注（egoistic interest）强化了第一阶段幻想中的性（sexuality），第二阶段将这自恋的胜利反转为："不，他并不爱你，因为他正在打你。"然而，其中潜在的信息是，被打等同于与父亲的性交。弗洛伊德坚持，第一阶段幻想"没有特殊的意义"，但第二阶段则是"在所有幻想中最重要的和最关键的时刻"，影响着后来的人格病理，以及导致女孩与任何像她们父亲的人敌对。

那些迥然不同的在第二阶段幻想出现时所涉及的精神动力因素，或许可以综合成以下几点。

① 性功能中的施虐成分（sadistic component）已成长到"过早地独立"，且在没有明显创伤的证据下，被固着了起来。

② 一旦它"不再"独立，施虐就会影响希望被父亲爱的乱伦俄狄浦斯愿望。

③ 一种内疚感引发的压抑会使生殖组织转归为无意识，并将施虐转变为受虐。

----

❶ 当我使用中间由斜线分隔开的两组数字时，第一组数字表示在 *Gesammelte Werke* 版本中的页数，第二组表示在标准版中的页数。

④ 在那个内疚感引发的转变中，一种原初施虐转向自身，从而构成了受虐的被动本质。

⑤ 跟内疚感一起，早熟的施虐成分造成了向肛门-施虐期（anal-sadistic stage）的退行。受虐的实质是，因禁忌的生殖关系而受到的退行性惩罚所带来的力比多兴奋。

弗洛伊德在描述第二阶段的精神动力特点时，陷入了杂乱无章，甚至自相矛盾之中。在一种不稳定的概括中，他以一个确定的声明开始，接着，用一种对他来说很罕见的姿态，强有力地以两句不同的措辞重复解释：这幻想"从未（never）被忆起，也从未成功进入意识层面。它是一种精神分析的建构，但即便这样，它仍然是一种必然"。之后，他再一次强调，但这次他两度修改其关于幻想的概括：它"通常（as a rule）保留在无意识中……然而，我再次重复，幻想通常留在无意识中，而且只能在分析的过程进行重构"。他后来又回到了他的绝对的概括，即第二阶段是"无意识的"。弗洛伊德摆荡于"从不"（never）与"通常"（as a rule）之间，是相当扰人的。这种对观察事实的把握不住，暗示了弗洛伊德在写作的时候，反复无常的情绪如何影响了他的记忆，削弱了其临床报告的准确度。

在第三阶段的意识幻想，女孩的（最常是）父亲或者一位替代者，在殴打一群不知名的男孩。这个幻想负载着附着于被压抑的第一阶段幻想的第二部分的力比多能量与内疚感，也就是"我父亲正在打那孩子，他只爱我"。然而，在无意识中，女孩在她的阴茎嫉羡中，认同了受害者，享受着一种受虐的、伪装的乱伦快感。弗洛伊德主张，这个幻想标志着女孩从她对父亲的俄狄浦斯爱恋中离开，进入到一种男性化情结（masculine complex）中，只想当个男孩。在这个转变中，超我替代了父亲，不知名的孩子替代了作为原始主体的孩子（权威代理人与男孩）。

根据弗洛伊德所说，报告幻想的作者极有可能是目睹实际场景的旁观者——她"可能"在看。弗洛伊德随后声称她似乎"最多"（at the most）[höchstens；与标准版 210/190 的错误"几乎"（almost）相比较]是一个旁观者。最后，弗洛伊德毫无保留地断定了女孩作为旁观者的角色：这女孩"除了作为旁观者外，没有其他的了"。自慰的问题也是弗洛伊德临床描述的部分不精准性的证据（来自正在分析安娜的一种反移情干扰？）。我们被告知，处在想象情境中的最高潮时，挨打幻想"几乎不变地"伴随着自慰而完成［"几乎不变地"（almost invariably），与弗洛伊德在原论文第 180 页的修饰语"经常"（regularly, regelmässig）比较，在标准版中误翻为"不变地"（invariably），导致弗洛伊德自相矛盾］。但弗洛伊德在之后声明两位女性个案放弃了自慰，颠覆了他原先的论断（值得我们注意的是，1925 年弗洛伊德强调挨打幻想是自慰的告解）。弗洛伊德对于第三阶段的施受虐性质也是不稳定的：这幻想是"施虐的"（原论文第 186 页）；只有它的形式是施虐的，而它的满足则是受虐的（原论文第 191 页）；这幻想"很明显是施虐的"（原论文第 195 页）；它的确"看上去是施虐的"（原论文第 195 页）。

到目前为止，我检视了弗洛伊德的论点及其一些存疑的表述。由于这造成了困惑，所以我画了一个类似教学指南的图表，为了方便起见，我综合了互相矛盾的说辞，并描绘出女孩挨打幻想三个错综复杂的阶段（见表 2-1）❶。

表 2-1　女孩挨打幻想的三个阶段

	第一阶段	第二阶段	第三阶段
幻想最初的呈现	"一个被打的小孩"	—	陌生的男孩正在被不确定的人或父亲的代替者殴打
幻想的潜在言语呈现	"我的爸爸不爱另一个孩子，他只爱我"	"不，他并不爱你，因为他正在打你"	—
幻想的作者	幻想作者不同于受害者，受害者通常是她的手足，如果她有的话	幻想作者是受害者	可能是殴打的旁观者（被打的孩子是幻想作者的替代者）
在幻想中的攻击者	父亲	父亲	父亲或他的替代者，比如一位老师

❶　为了完成我的大纲，我包含了一篇关于弗洛伊德论文核心的分页指南。为了方便起见，我遵从了弗洛伊德的心理著作的英语用语索引的标记用法。因此，我把弗洛伊德的论文分为四个部分（a、b、c、d），例如，186b 是指第 186 页的第二部分曾经出现过的问题。在根据弗洛伊德整篇论文本身的解释顺序阅读完之后，读者可能会想根据以下的选择性方式重新阅读它：（A）女孩挨打幻想之前的天堂般的俄狄浦斯期：186d，187b，187d～188c；（B）仅次于天堂的——挨打幻想的炼狱期——①第一阶段：184d～185b，186b，186d～187b，188d～189a，195b～196a，199a；②第二阶段：181c-182d，185b-c，186b，189a～190c，194a-c，195b～196a；③第三阶段：185d～186b，190d～191c，195b，195d～196a，199b～200a。

	第一阶段	第二阶段	第三阶段
攻击的行为	殴打	殴打	殴打可能被其他形式的惩罚或羞辱所取代；在后期的复杂幻想中，被惩罚的孩子并没有被严重伤害
幻想的精神状态	或者是意识上的幻想、愿望，或者是曾经目睹的真实事件的回忆，而不是重建	维持为无意识，只能被重建	意识幻想；殴打的人是父亲，然而，这是个重建过程
幻想的整体重要性	殴打"没有特别的重要性"	在幻想的这一阶段，"是在所有幻想中最重要、最关键的"，影响了女孩的性格，对任何像她们父亲的人有敌意	—
幻想的发展基质	俄狄浦斯小孩未成熟的客体选择所造成的影响	受虐的幻想带来许多的快感，也许会同时产生自慰	幻想只有在形式上是施虐的，伴随着强烈的性兴奋，并在最高潮的时候"几乎不变地"同时产生自慰
幻想中力比多的输入	幻想从正常的俄狄浦斯情结中产生，满足了孩子的嫉妒，并被她的自我投注所强化	幻想标志了受虐的实质；性兴奋是强烈且清楚的	女孩离开了对父亲的乱伦恋，她们促使自己的男性特质情结采取行动，并自此开始只想当个男孩
转变的动力	内疚感的浮现；乱伦爱恋冲动的压抑	压抑将被压抑的施虐转变为受虐；内疚感与施虐成分导致退行到肛门-施虐期	被父亲爱的幻想被压抑，允许受虐的满足

没有必要以图表澄清男孩的挨打幻想，因为弗洛伊德对于它们的解释已经更为简单与集中。在第一阶段，男孩的无意识幻想读作："我被我父亲爱。"在这里与接下来连续的两个阶段中，男孩显示出了一个倒转的俄狄浦斯情结（inverted oedipal complex），并对他父亲采取了一种被动的、女性特质的态度。他强调男孩第一阶段的挨打幻想并非像女孩那样是施虐的，但弗洛伊德怀疑是否有进一步的研究将会修改这个事实。鉴于弗洛伊德对挨打幻想的不太均衡的比较式理解，我的结论是，关于男孩的性生活（而非女性的）可能更是黑暗大陆！

男孩第二阶段的挨打幻想有这样的表述："我正在被我父亲殴打。"这阶段受虐的、退行性的幻想"经常"（regularly）是无意识的［史崔齐将

regelmässig 误译为 "不变地"（invariably），导致弗洛伊德与第 9 页（原文页码）之前的言论自相矛盾]。在他的第三阶段，男孩压抑了对他父亲的同性爱恋，否则幻想就会是意识化的。因此，表述为 "我正在被我母亲殴打"；而她，如同在之后幻想中的母性替代者，有着男性化的特质。

弗洛伊德的论文：关于其他事项说了些什么

在第五部分的开头，简略提到了作为临床依据的他的六个主要个案和相当数量的调查不够全面的个案。弗洛伊德指出三个仍需考量的一般性问题：性倒错的起源（其论文的次标题），特别是关于受虐性倒错的起源（其论文原本的标题），以及神经症的动力中性别差异所扮演的角色。弗洛伊德开始对之前所说的进行修正，即性功能中的施虐成分若过度早熟而发展，会固着，接着从后续发展中撤回的观点；他现在说施虐成分在俄狄浦斯发展中扮演着一个必不可少的角色（an integral role），随后继承了俄狄浦斯力比多能量与内疚感。弗洛伊德接着以一种有点漫谈的语气，假设了性倒错起源于俄狄浦斯情结，而挨打幻想以及性倒错固着是它的伤疤。

弗洛伊德承认关于第二个问题——受虐的起源，他能说的很少。我们读到了这种性倒错起因于内疚感，是内疚感导致施虐转向自身；我们也读到了它的实质是从痛苦中获取性快感。但此时我们距弗洛伊德澄清受虐的三种形式还有五年之遥。

在论文的最后部分，弗洛伊德接着把弗利斯（Fliess）与阿德勒（Adler）作为他自己鞭打的小孩，因为他们把压抑的理论扭曲性欲化了（讽刺的是，弗洛伊德自己把男性特质同时视为力比多和施虐性奋争——也就是压抑的目标）。弗洛伊德宣称，他 "总是"（always）拒绝弗利斯和阿德勒两人各自的关于压抑与性欲人格之间关联的生物学和社会学理论。然而那并不正确。在 1897 年 10 月 27 日写给弗利斯的信件中，他引用了哈姆雷特的反思，说所有人都应该得到一顿鞭打（！），表达了他对弗利斯的压抑理论的犹豫不决（Freud, 1985：273）。此外，在 1897 年 5 月 23 日发给弗利斯的草案 M（Draft M）中，弗洛伊德支持了类似阿德勒压抑的性欲化的观点，却又在同年 11 月 14 日舍弃了这个观点（Freud，1985：246，281）；1914 年与 1918 年他公开批评了此观点（Freud，1914：54；1918：110-111）。无论如何，弗洛伊德之后的批判论点如下：弗利斯的理论把每个人严格地压抑属于对立性别的倾向，等同于一个人对自己生殖器形式的性别认同。阿德勒的理论认为雄性主张发生在所有人身上，作为压抑精神内部的一切女性特质的一个动机，但是这个观点既无法解释对"男性化的"施虐冲动的压抑，也没有阐明男孩在挨打幻想中的受虐态度。

在弗洛伊德的每一篇著作中，有许多显然是被抛弃的主张，其中有些相关的论断合适在这里提出来。首先，我们想到弗洛伊德的及时提醒——常被遗忘的——即先天性同性恋的证据，不可以基于对性倾向的记忆，因为这种记忆受到失忆症的限制，无法追溯至六岁以前的生活。我们也十分感恩于弗洛伊德不断深化的有关自恋的见解，他将受虐期标签为自恋的，且称超我的效果是自恋的伤疤。另外，在深刻洞察到挨打幻想构成了偏执现象的基础之前，弗洛伊德坚持认为，神经症对自慰的内疚感与青春期的内疚无关，而是与童年的内疚有关，以及与自慰时的无意识俄狄浦斯幻想有关。弗洛伊德的临床技巧关注到早年的病理，以至于他不仅反复强调了童年自慰的决定性影响力（正如我们在个案史中所见的：Freud，1905：56-57，75-82；1909a：24；1918：24-26），而且他还会在甚至是治疗的头两周内就给出针对它的建构假设（Freud，1909b：263）。

弗洛伊德也提出了一个关键的断言，即没有幻想的愿望是有可能存在的；然而，令人惊讶的是，这并没有在安娜·弗洛伊德与克莱茵的论战中被提及（King & Steiner，1991），也没有被大量关于幻想的重要著作提及。因此，在调查第一阶段的挨打幻想时，弗洛伊德淡化了幻想究竟是欲望还是记忆这个问题的重要性："一个人或许会感到犹豫，一个'幻想'的属性是否仍然可以用来描述第一阶段的后期挨打幻想。或许问题应该是，幻想究竟是对曾经目睹过的事件的回忆，还是在各种场合下产生的欲望。但是，这些质疑都是无足轻重的。"

最后，弗洛伊德构建了一个理论与元理论（metatheoretical）的立场，这值得详述："众所周知，当我们越逼近源头，我们习惯用作区分基础基准的所有迹象征象会越不清晰。"换言之，我们愈接近源头，描述性的措辞便愈像是虚构的小说，而最初的假设可能会有迅速被硬化为最终断言的危险。经常是，在处理起源性问题时，分析师忽略了弗洛伊德的智慧对于那超越了我们描述性语言所能表述的作用力的暗示。仿佛是一种诗意般正义的温柔批判，对弗洛伊德最精巧的普遍化应用，出现在多年以后他女儿对防御机制的反思当中："倘若你以微观的方式来看它们，它们都相互融合在一起……重点在于，不该以微观的方式来检视它们，而是要以宏观的方式，如同大且分隔的机制、结构、事件，无论你要以什么来称呼它们。它们将会从彼此之中脱颖而出，而将它们理论上区分开来的问题便显得微不足道。你应该要在检视它们的时候把眼镜拿下来，而不是戴上去。"（A. Freud, in J. Sandler & A. Freud, 1983：90）

风格：弗洛伊德的论文的形成

如同我常提及的，弗洛伊德在写作中所采用的典型的讲解方式，产生和促进了联想与批判的进程，包括他自己在写作时，以及我们在阅读他的作品时。当追踪弗洛伊德的复杂思路时，我们可以轻松地跟随着它的线性进程，但要追踪它的主要过程——暴风中心（the eye of the storm）——则是另外一回事了，因为它的气旋运动、它无法预料的急速转弯，来回变动于向内或向外的盘旋和螺旋式攀升或下降之间。要领会弗洛伊德讲解策略的重要内涵，没有比引述莎士比亚的作品来得更合适了。有着一个手套制造商的父亲，莎士比亚写下了这些不朽的文字，讲述了在他自己人生中作为一个创造者的危险：

我的天性屈服于

我所从事的职业，好像染师的手。（十四行诗第 111 首）

在他的讲解方法中，弗洛伊德所冒的风险是，要么是杰出的创造，要么

被弄糊涂，甚至被他自己所用的工具所操纵。我们先看后一种结果。

在试图描述有着挨打幻想的孩子是如何与它们纠缠着的（entangled）[*ver-trickt*，与在标准版 205/186 的翻译"卷入"（involved in）相比较]，弗洛伊德会被他自己的讲解所困惑，一如当他踌躇于挨打幻想的施虐或受虐特性的时候。他有时会继续与读者一起重建，这很有吸引力；其他时候，正如我们已经注意到的，他会更改临床事实，让细心的读者感到不安与困惑。比方说，弗洛伊德对病人作为旁观者这一观点摇摆不定，表明了第三阶段的这个元素也是一种重建，不管弗洛伊德公开如何声称。

在第六部分中，弗洛伊德继续他对精神动力特点的颇为混乱的描述，有些段落需要重复阅读才能理解。他甚至误认为"我正在被我父亲殴打"是男孩的原始幻想，而非第二阶段的幻想。波拿巴（Bonaparte，1953：94）在阅读弗洛伊德的文本时感到十分迷惑，以至于她认为弗洛伊德在男孩幻想中看到了两个阶段，而实际上他提出了三个阶段，可以表述为："我被我父亲爱……我正在被我父亲殴打……我正在被我母亲殴打。"相同地，当弗洛伊德研究女孩的原始幻想时，将它误认为是"我正在被我父亲殴打（换言之，我被父亲爱）"；那个错误的重构，实际上是合并了女孩第一阶段与第二阶段幻想的隐含意义。

但我们也可以发现弗洛伊德对自己表达能力的纯熟掌控。如同其他临床资料（Mahony，1986 & 1989 & 1995 & 1996）以及这篇论文，对文学的参考总是穿插在弗洛伊德的脑海中，其生命就像文学，文学就像生命。例如，我们读到，在制作精美的幻想时，孩子与小说作家展开竞争，以及在两个案例里，挨打幻想有着一种艺术的（*kunstvoller*，210/190）上层结构。其中之一几乎可以称得上是一件艺术作品，推动了弗洛伊德写下关于此的诗意文字："但是生命后期的印象通过病人自己的嘴巴就可以大声表述，而医生才是那个为了代表童年表达要求，而不得不提高音量的那一个人。"我们也看到弗洛伊德引用了《麦克白》（*Macbeth*）或呼应着他最爱的诗——弥尔顿的《失乐园》（*paradise lost*），其中魔鬼被剥夺走崇高的地位，自天堂驱落："许多小孩坚信自己坐拥父母不可动摇的爱，他们从他们想象的无所不能的天堂中被一击而下。"弗洛伊德也诗意地宣称，完全陷在爱中的孩子

"早花不堪霜残（残，*geschädigt*，'damaged'）"。

弗洛伊德论文中有大量的试探性的精妙表述在英文翻译中被消除了（Ornston，1982）。有时史崔齐（Strachey）又不必要地强化了这一点，例如他将"*Regung*"（搅动、激起）翻译为"兴奋"（excitement）或"冲动"（impulse）（197 f. /179 f.；201/182；208 f. /188 f.；216/195；223/201；Ornston，1982：413-14）。若一个人选择将弗洛伊德论述的细腻面拒斥为纯文艺上的细微差别，他将会失去精神动力层面的理解。举例来说，在弗洛伊德论文的头两段中，有三个句子被史崔齐由被动式改为主动式，因而抹去了被动语态的引入，正如包含在《一个被打的小孩》这个标题中的被动幻想。不久之后，弗洛伊德很有洞察地形容幻想仿佛是一面双向镜：它不仅可以帮助了解孩子的观察，同时也是对孩子独特或异常组成的内在见证（*Zeugnis*，200/181），以及再一次地，弗洛伊德形容导致孩子产生挨打幻想的一个事件就像是"一次撞击"（*einen einzigen Schlag*，200/181）。德文文本让我们注意到弗洛伊德语言上的天才，他使用"*Schlag*"（事件）这个词，与它的结果——挨打幻想（*Schlagphantasien*）相类似。

在一个更加非比寻常的文句中，弗洛伊德艺术性地描述了女孩幻想的错综复杂：

Das Mädchen entlauft dem Anspruch des Liebeslebens uberhaupt, phantasiert sich zum Manne, ohne selbt mannlich aktiv zu werden, und wohnt dem Akt，welcher einen sexuellen ersetzt，nur mehr als Zuschauer bei. （220-221/199）

奥斯通（Ornston，1982：418）将这段文字翻译成如此：

小女孩逃离了爱恋生活的诉求：没有以男性的方式变为主动，她幻想自己成为一个男人，并活在这个行动之内，取代了性行为，而只作为一个观察者。

根据奥斯通敏锐的分析，"Sie phantasiert sich zum Manne"（她幻想自己成为一个男人）意指不仅是女孩幻想着自己是男人，同时也是将自己性欲上的交给了他。而"sie wohnt dem Act bei"（并活在这个行动之内）意指不仅只是女孩活在这行动之内，同时也是说她正在性交。因此，在弗洛伊德流畅的阐述中，微妙地将以初级过程为标志的幻想表述了出来，其中变幻的角色可以相互转换且合并，女孩同时作为殴打行动的观察者与参与者，因此这种行为本身取代了性欲但又明显是性的。

弗洛伊德对时间的敏感度，是另一个在临床与文本上独具天赋的特征。眼前的这篇论文，有着三股相互交织的叙事：挨打幻想的三阶段演化、情感与观念的本质在分析中逐渐揭晓，以及弗洛伊德讲解式揭示的步伐。这些各自交杂的叙事线索，被弗洛伊德无数次满载情感地提及惊讶、纳闷、期待、犹豫与怀疑的当下性（temporal implications）所强化了，呈现出一种复杂的反应，是我在其他分析作品中从来没有发现过的。

虽然不是同等复杂，但仍值得一提的是一个较小的叙事情节，体现出了弗洛伊德持续努力去理解他四年后所称为的超我。在描绘第一阶段的挨打幻想时，弗洛伊德只是说，压抑发生的同时会有一种内疚感出现。然而，在第二阶段，内疚感成为了一个决定性的动力因素：它将施虐转变为受虐，并参与了压抑的行动。当解说到这一点的时候，弗洛伊德接下来试探性地提出了一个机构（agency），它在自我中把自己树立为一种批判的良知。在一个稍微不同的层面上来说，机警的读者也许会观察到一些例子，展现了弗洛伊德对挨打幻想的非强迫性的确切措辞，但是仍然重视它们外显与隐含意义的全部内容，毫无迟疑地提供它们细微的联想上的变形。

后期论述：超越《一个被打的小孩》

如同诸多精神分析的其他事物一样，幻想作为临床兴趣的主要焦点，仍然逃过了我们的完整理解。的确，仍须制订一个令人满意的分类法来界定无意识幻想与它们的衍生物（Moore & Fine, 1990：75）。更接近眼前这个主题一点，我们也许还可以问，若施受虐的自慰幻想与挨打幻想分别是亚型或亚亚型，那么基本受虐幻想是什么？另外，那些不被掩饰的挨打幻想或它们的衍生物，如弗洛伊德暗指的戏剧性羞辱的存在有多普遍？更确切地讲，我们的语言充斥着殴打（beat）的用词与其同义字，如压垮（crush）、击败（vanquish）与击溃（rout），意指生活许多领域中的"击败"（defeat）或"征服"（subdue），范围囊括自政治、战争、运动到专业竞争；我们还常提到语言抨击（tongue lashing）以及自恋的打击（narcissistic blow）。倘若我回头看弗洛伊德对莎士比亚的引用，难道这惩罚性的超我不是一种象征性的鞭打吗？最后，谁能忽视在男性青少年描述自慰的习惯语句表达［如"击退（俗语手淫）"（beating off）或"打肉"（beating the meat）］中内疚感的贡献呢？

弗洛伊德对挨打幻想的无所不在表达了诧异，许多分析师也附议。对于它们的普遍性或几乎普遍性的更进一步的主张，尤其可以在克里斯研究团队（Kris Study Group）的经典文章中找到证据（Joseph，1965；Bonaparte，1953；Galenson，1980），文章几乎是在弗洛伊德和我们自己的反思之间的中间时间点发表的❶。克里斯自己提议，从"几乎无所不在"的原初场景里父亲殴打母亲的施受虐幻想中看出，孩子的挨打幻想表达了想被父亲性欲地爱恋的欲望，并且是"几乎普遍"的。这合乎推理——或更好，合乎幻想——即克里斯的立场正确且禁得起时间的考验，只要我们对临床中挨打幻想多变的显现与它们多样的衍生物，包括那些羞辱与其他自恋的侮辱保持机警。

远超弗洛伊德设想的是，意识的或无意识的挨打幻想，连同它们的外显与内隐的形式（两者都可以是视觉形式的），可能因具体的病人而大相径庭。在他们精巧的临床论文中，布罗登与梅尔（Broden & Myers，1981）以资料显示，为了平息超我要求而产生的持续性疑病的抱怨和由内疚产生的无意识挨打幻想之间，有着动力性的联系。另一个资料是，我的一位成年病人仍对他父亲失控殴打的记忆感到恐惧，他尝试以武断的、高度控制的手淫来避开"不可名状的"（nameless）内疚的升起，他把它称为"温柔地打

---

❶ 关于维多利亚时代的英国，鞭笞文学的描述，可参考马库斯（Marcus，1974年）所写的题为 "A Child Is Being Beaten" 的文章。

屁股"。

虽然在分析中，挨打幻想常会从其他临床图景中隐去，并作为边缘话题在分析中揭露，但疑问仍然是为何对某些病人来说挨打幻想相当重要。挨打幻想可以持续为无意识的，并以施受虐的方式影响着人格架构，又或者它们持续出现在意识上，甚至被行动化。重新检视弗洛伊德（Freud，1919：180）的材料，他无法在实际的家暴与幻想之间建立任何连结。阿施（Asch）反对梅尔（Myers），认为实际殴打和灌肠（enemas）对挨打幻想的影响，还没有在临床上得到证明。然而，更可以肯定的是在成年生活中有明显身体受虐癖的个案中，多半有着被实际殴打的童年史（Hunt，1973），或是与阳具母亲有着前俄狄浦斯问题。那么再一次地，重复固着的挨打幻想，相比较良性适应的过渡性幻想而言，有更大的致病迹象（Novick & Novick，1987）。

令人感到有趣的是，弗洛伊德常常处于一个更深刻见识的边缘，却无法进一步推进，这很大一部分是由于其自我分析的局限性所造成的。尽管他坚持相信多形态婴儿性欲（polymorphous infantile sexuality），并推测挨打幻想是前一个发展阶段的最终产品，但他仍无法超越父亲的俄狄浦斯角色，去看到前俄狄浦斯母亲对挨打幻想的影响。他无法深入到他自己的基石（bedrock）之下，"bedrock"这个词用在这里足够适切，因为它被称呼为 "gewachsener Fels"（成人的岩石），而不是其同义词 "Muttergestein"，直译为 "母岩"（mother-rock）（Mahony，1989）。自很早开始，分析师们为了纠正弗洛伊德的偏见，已经报告了真实的或经过诠释的挨打幻想中前俄狄浦斯母亲角色的存在（Berfler，1938 & 1948）。而弗洛伊德与波拿巴（Freud & Bonaparte，1953：87）所提出的正常女性受虐癖的观点，越来越被视作过时的历史；女性受虐癖并非正常遗传的或发展上的人格特质，而是一种扭曲女性躯体与其自我理想（ego ideal）的无意识幻想体现。然而，众多有待进一步研究的问题之一是，为何出现持续的挨打幻想的女性，相较对应的男性病人而言，她们受到的困扰更小（Novick & Novick，1972；Ferber，1975）。

正如可预料到的，研究学者已经前进得远超过弗洛伊德所提出的对于早熟施虐成分、内疚感、自恋创伤，以及伪装为手足竞争的阴茎嫉羡的病源因子（Freud，1924：254）。我们已经更了解环境的压力与刺激［原初场景的暴露、父母有缺陷的养育、分离-个体化（separation-individuation）的不能等］，以及精神内在的发展［有缺陷的生殖器图式化（genital schematization）、病态的超我组成等］，作为挨打幻想的决定因素。此外，挨打幻想作为复杂的妥协形成的功能，已经被放大到可包括一系列的奋争——从维持身体界限或一种共生连结，到形成精神结构、为自慰快感的提前赎罪（Lax，1992）、避开对矛盾地爱着的母亲的更强烈的破坏性愿望，以及产生一种适应性的修复（adaptational reparation）。

最后，可能会有两个简短的技术性考量。弗洛伊德与早年多位德语分析师沉迷于把病人的幻想构建为第一个人的一部分内部独白。这种建构贴近经验的诠释方式，促进了可内化力（internalizability），并且是最佳临床紧密度的体现［其同义修辞词"最佳临床距离"（optimal clinical distance），在我个人看来，指向了一种伪科学的客观性，可预示着一种无共情的关系］。现今所报告的相对不那么容易内化的诠释，倾向于从内部独白中移出，放到第二个人身上，并显示出更多的次级过程的特性——比方说，"似乎，因为你恨你的兄弟，你想象你的父亲正在打他，那是一次惩罚，你从而可以推断说你是你父亲唯一爱的孩子"。

就如同对恐怖症（phobias）的现象分析，彰显了它的多元决定（overdetermination），对挨打幻想的外显内容的特别关注，也会揭示出它内隐的意义与功能（比较 Lewin，1952；Ferber，1975）。我们总是可以更加靠近感官形式的多样性与临床素材中的其他丰富变量。比如在殴打过程中被强制住不能动弹的回忆，或在结束时麻木感觉的回忆；以屁股作为令人挫折的前俄狄浦斯母亲乳房的替代品（Bergler，1938 & 1948）；手或殴打工具的象征化；看着他人被打屁股或被击败的刺激；白日梦中的羞辱。我想到一位有着长时间抑郁症的病人，肢体的瘫痪直接与他在孩童时期被打屁股时无法动弹相关联。有时，当其他病人在修通妈妈警告他们将会被爸爸打的回忆的时候（"等他回到家，你就有得受了！"），我亦观察到在分析内部新的恐惧的产生、恐惧对分析的设置或过程的屈从，例如感觉自己被迫躺在躺椅或被迫自由联想；在另外一些时候，屈从的感觉与无意识愿望相连，想要激怒分析师来殴打自己。

作为总结，我想引用尼采在《查拉图斯特拉如是说》（*Thus Spake Zarathustra*）中第一部与《瞧！这个人》（*Ecce Homo*）的序言中所言："如果一个人始终只是做一个学生，那他就是在以糟糕的方式回报着他的老师。"那些对过去的临床进展已经掌握与整合的人，必须要向未来前进。被打败的是那些选择留在已经被踏平的道路上的人。

参考文献

Asch, S. 1980. Beating fantasy: Symbiosis and child battering. *Int. J. Psychoanal. Psychother.* 8:653–58.

Bergler, E. 1938. Preliminary phases of the masculine beating fantasy. *Psychoanal. Quart.* 22:514–636.

——. 1948. Further studies on beating fantasies. *Psychiat. Quart.* 7:480–86.

Blass, R. 1993. Insights into the struggle of creativity: A rereading of Anna Freud's "Beating fantasies and daydreams." *Psychoanal. Study Child* 48:67–98.

Bonaparte, M. 1953. *Female sexuality*. New York: International Universities Press.

Broden, A., and Myers, W. 1981. Hypochondriacal symptoms: unconscious beating fantasies. *J. Amer. Psychoanal. Assn.* 29:535–57.

Clark, R. 1980. *Freud: The man and the cause*. New York: Random House.

Ferber, L. 1975. Beating fantasies. In *Masturbation, from infancy to senescence*, ed. I. Marcus and J. Francis, 205–22. New York: International Universities Press.

Freud, A. 1923. The relation of beating fantasies to a daydream. *Int. J. Psychoanal.* 4:89–102.

Freud, S. 1905. Fragment of an analysis of a case of hysteria. *S.E.* 7.

——. 1909a. Analysis of a phobia of a five-year-old boy. *S.E.* 10.

——. 1909b. Notes upon a case of obsessional neurosis. *S.E.* 10.

——. 1914. On the history of the psychoanalytic movement. *S.E.* 14.

——. 1918. From the history of an infantile neurosis. *S.E.* 17.

——. 1919. A child is being beaten. *S.E.* 17.

——. 1923. The ego and the id. 24. *S.E.* 19.

——. 1924. The economic principle of masochism. *S.E.* 19.

——. 1925. Some psychical consequences of the anatomical distinction between the sexes. *S.E.* 19.

——. 1937. Analysis terminable and interminable. *S.E.* 23.

——. 1985. *The complete letters of Sigmund Freud to Wilhelm Fliess: 1887–1904*. Cambridge, Mass.: Harvard University Press.

——. 1993. *The complete correspondence of Sigmund Freud and Ernest Jones 1908–1939*. Cambridge, Mass.: Harvard University Press.

Galenson, E. 1980. Preoedipal determinants of a beating fantasy. *Int. J. Psychoanal. Psychother.* 8:649–52.

Hunt, W. 1973. Beating fantasies and daydreams revisited: Presentation of a case. *J. Amer. Psychoanal. Assn.* 21:817–33.

Jones, E. 1955. *The life and work of Sigmund Freud.* Vol. 2. New York: Basic Books.

Joseph, E., reporter. 1965. Beating fantasies. In *Monograph Series of Kris Study Group.* 1965. Monograph I, 30–67. New York: International Universities Press.

King, P., and Steiner, R., eds. 1991. *The Freud-Klein controversies: 1941–45.* London: Tavistock.

Lax, R. 1992. A variation of Freud's theme in "A child is being beaten": Mother's role—some implications for superego development. *J. Amer. Psychoanal. Assn.* 40: 455–73.

Lewin, B. 1952. Phobic symptoms and dream interpretation. *Psychoanal. Quart.* 31:295–322.

Mahony, P. 1986. *Freud and the Rat Man.* New Haven, Conn.: Yale University Press.

———. 1989. *On defining Freud's discourse.* New Haven, Conn.: Yale University Press.

———. 1992. Freud as family therapist: Reflections. In *Freud and the history of psychoanalysis,* ed. T. Gelfand and J. Kerr. Hillsdale, N.J.: Analytic.

———. 1995. *Les hurlements de l'homme aux loups.* 2d. ed. Paris: Presses Universitaires de France.

———. 1996. *Freud's Dora: A psychoanalytic, historical and textual study.* New Haven, Conn.: Yale University Press.

Marcus, S. 1974. *The other Victorians.* New York: Norton.

Moore, B., and Fine, B., eds. 1990. *Psychoanalytic terms and concepts.* New Haven, Conn.: Yale University Press.

Myers, W. 1980. The psychodynamics of a beating fantasy. *Int. J. Psychoanal. Psychother.* 8:623–38.

Novick, K., and Novick, J. 1972. Beating fantasies in children. *Int. J. Psychoanal.* 53:237–42.

———. 1987. The essence of masochism. *Psychoanal. Study Child,* 42:353–84.

Ornston, D. 1982. Strachey's influence: A preliminary report. *Int. J. Psychoanal.* 63: 409–26.

Sandler, J., and Freud, A. 1983. Discussions in the Hampstead index of *The ego and the mechanisms of defence. J. Amer. Psychoanal. Assn.* 31 (Supplement): 19–146.

Steiner, R. 1995. "Et in Arcadia ego . . . ?" Some notes on methodological issues in the use of psychoanalytic documents and archives. *Int. J. Psychoanal.* 76:739–58.

Strachey, J. 1955. Editor's note to "A child is being beaten." S.E. 17:177–78.

———. 1966. General preface to the *Standard Edition. S.E.* 1:xiii–xxvi.

Young-Bruehl, E. 1988. *Anna Freud: A biography.* New York: Summit.

羞辱幻想及对不快乐的寻求

阿诺德·H. 莫德尔❶（Arnold H. Modell）

《一个被打的小孩》可以被视为弗洛伊德进一步阐述了他在《性学三论》（*Three Essays on the Theory of Sexuality*）（1905）中关于性倒错的讨论。在该书中，弗洛伊德将性倒错定义为，一种排他性地固着在一个不成熟的性目的上，但他也指出我们在孩童时期都是性倒错的。孩童都是"正常"的多形态性倒错（polymorphous perverse），因为他们有意识地从口腔、肛门与生殖器的性感带获得性快感。只有到了青春期，人们才会通过以生殖器为主的有组织性的作用力达到性成熟。因此，性倒错被定义为一种不成熟的性目的，是对常态的生殖器性交的偏离。

在《性学三论》中，弗洛伊德表达了他的论点，认为孩子一直到青春期，才可以在男人与女人之间做出明显的区分。就是在这里弗洛伊德概述了对于女性性生理的错误观点，激怒了女性主义的作家们，以至于他们将之作为怀疑弗洛伊德和精神分析的理由。弗洛伊德相信，青春期的女孩有个困难的任务，要将性唤起的区域从阴蒂———一个阴茎的类似物——转至阴道。在青春期，女孩必须要放弃主动的男性模式（active masculine mode），以便成为被动与具有女性特质的。因此，阴道高潮被视为成熟女性的标志，而阴蒂高潮则是不成熟的男性特质的残留。弗洛伊德说道："男性的主导区域从童年开始就维持不变……而女性则会改变她们的主导性感带，就像是将她们幼稚的男性特质搁置到一旁一般。"（Freud，1905：21）

---

❶ 阿诺德·H. 莫德尔（Arnold H. Modell）为哈佛医学院精神科之临床教授，并在波士顿精神分析机构中担任训练及督导分析师。

1910 年，出版《性学三论》的 5 年后，在维也纳精神分析学会会议记录里关于"自慰的伤害性"的讨论当中，引述了弗洛伊德的话："女性还有一个额外的因素要考虑，即与自慰行为相关产生的性欲冲突。男性的阻力主要来自社会，而女性则是直接的性欲冲突。女性的（阴蒂）自慰，作为一种婴儿期的活动，有着另外的一种男性特质。"（Nunberg & Federn, 1967：562）弗洛伊德在这里暗示女性的自慰让她们产生了性别认同的冲突。这个主题在《一个被打的小孩》中重现，其中弗洛伊德解释当女孩幻想一个男孩正在被打时，代表了阴蒂自慰所导致的男性认同（masculine identification）。这也解释了弗洛伊德的一个原本令人困惑的声明："在'挨打幻想的'第二和第三阶段间女孩改变了她们的性别，因为在后一阶段的幻想中，她们变成了男孩。"

弗洛伊德相信神经症的症状是性倒错的——换句话说是不成熟的——性目的的一种表达，这个信念将他对性倒错的定义复杂化了。于是神经症与性倒错的差别，要由意识的状态来界定：在性倒错者中，不成熟的性目的是意识化的；而在神经症者中，则是无意识的。这表达了一个广为人知的公式，即神经症是性倒错的负面形式。弗洛伊德声明，在神经症症状的背后，隐藏着无意识的婴儿性目的，如果它们可以以"直接的幻想或行动表达出来，而没有从意识中改道"，则可以被广义地描述为性倒错。根据这个性倒错的定义，一旦幻想是意识的，它们便可以被标示为性倒错。弗洛伊德谈到，把挨打幻想保留作为自慰的目的，只能"视作是性倒错的一种原初特征"。

弗洛伊德对《一个被打的小孩》的观察是基于六个个案，其中有四位女性、两位男性。我们被告知，第五个病人之所以接受精神分析是因为面临生命上无法抉择的情况，而且"连模糊的诊断都无法给予，或可能会被误认为是精神衰弱而搁置一边"。伊丽莎白·扬·布鲁尔（Elizabeth Young-Bruehl,1988）在她所撰写的安娜·弗洛伊德的传记中，提出了令人信服的间接证据，即这第五位病人实际上便是安娜·弗洛伊德，她在当时纠结于要选择成为精神分析师还是教师。安娜跟她父亲的分析从 1918 年开始，也就是弗洛伊德论文发表的前一年。安娜的第一篇论文《挨打幻想与白日梦》，是写给 1922 年在柏林举行的国际会议的，那是在《一个被打的小孩》出版的 3 年之后。扬·布鲁尔更进一步声明，安娜·弗洛伊德在论文所提及的挨打幻想，肯定是自传性质的，因为这篇论文完成于她开始临床工作之前。另外，扬·布鲁尔注意到，安娜·弗洛伊德论文中描述的架构，几乎等同于弗洛伊德在《一个被打的小孩》中所描述的两个女性个案。对父亲的乱伦欲望所产生的内疚，被视为挨打幻想无法避免的决定因素，这是弗洛伊德的核心论点；人们必定纳闷，他是如何在对安娜的分析中处理这项假设的。

弗洛伊德描述了女孩典型挨打幻想演进的三个阶段。第一阶段，发生于童年非常早期的时候，被打的孩子并不是自己，而是另外一个小孩，通常是兄弟或姊妹。因此，这一阶段的幻想是受到手足竞争及嫉妒所影响的。又鉴于幻想者是手足挨打过程中的目击者，她想必从幻想中得到了一些施虐的快感。施加殴打的这位成人，一开始的身份似乎模糊不明，但最后被辨识为小女孩的父亲。幻想演进的第二阶段有着决定性的转变，在其中，正在被打的小孩此时被辨识为自己，因此，幻想有了一个受虐性转折。这是核心或根本的幻想。它是直白的乱伦，因为这（女）孩子正在被父亲打，借此提供了性欲唤起与满足的来源。这个幻想在宣布：我父亲的殴打，刺激了我的生殖器。但正因为这幻想带有明显的乱伦性质，它必须要被压抑。这幻想不仅只是被压抑，弗洛伊德争论道，它从来没有进入过意识："第二阶段是最重要也最关键的一个阶段。但我们可以从某种意义上说，它从未真正地存在过，它从未被忆起，也从未成功进入意识层面。"我觉得这段言论让人困惑。当弗洛伊德提出这个幻想从未进入意识层面，他的意思是什么呢？他是在暗示，这个被父亲打的关键乱伦幻想，可以被想成是一个"原初幻想"，来源于种系发生（phylogenesis），所以从未意识化吗？因为弗洛伊德在这一点上没有进一步说明，它成为了一个无解之谜。无论我们是否接受他那第二阶段从未意识化的建构，它强调了无意识幻想的重要性。

在第三阶段，幻想又再一次成为意识的，且可以以不同的方式加以详述，并经常延伸为白日梦。一般来说，正在幻想的女孩是目击者，目击了身份不明的男孩被老师打。老师或许是父亲的替代者，但并没有得到验证。第三阶段最重要的方面在于，幻想创造了明确的性兴奋，以用于自慰当中。弗洛伊德说男孩的无意识幻想，对应一个负向的俄狄浦斯愿望——"我被我的父亲所爱"——并在之后转换为意识幻想"我正在被我母亲殴打"。弗洛伊德解释说，决定因素是男孩的想要被父亲爱的被动女性化愿望（passive feminine wish）。所以，两性的挨打幻想都是来自于对父亲的乱伦情结。

对于这个令人困惑的被打孩子的幻想的演进，弗洛伊德提供了数个解释。整体而言，孩子从目击者到被害者的转变，反映了从施虐到受虐的转变。他早先已于《性学三论》中观察到这种转变，其中，他指出受虐象征着施虐的反转（Freud，1905：158）。而在这里，他提供了一个重要的附加解释：施虐因内疚感而转化为受虐（Freud，1919：189）。对于女孩，关键的受虐幻想"我正在被我父亲殴打"，维持在无意识层面。弗洛伊德解释道，因为它既是对想要跟父亲生殖性结合的禁忌的乱伦愿望的惩罚，同时也是那个愿望的退行性替代品。它之所以被称为退行性的，是因为弗洛伊德假定在接下来的力比多发展阶段中，打屁股象征了一种回到肛门性欲的防御性撤退。然而，根据弗洛伊德对性倒错的定义，因为第二阶段的挨打幻想是无意识的，严格说来，它并不是性倒错。但又考虑到它包含着退行性的（性倒错的）力比多欲望，它也许在之后会产生神经症症状，又或许会导致性倒错。他解释说，在无意识中，俄狄浦斯情结的残留部分使得个体在成人期时倾向成为神经症病人。

女孩第二阶段（无意识的）的挨打幻想与第三阶段（意识的且更详细的）用于自慰的挨打幻想之间的联系，可能可以类推为隐梦（latent dream thought）与显梦（manifest dream）之间的关系。显梦，利用白日残余（day residue），是由无意识愿望所产生的。在这个幻想样本中与白日残余相对应的，是目击或体验到被父亲或是在学校被老师打屁股。我们知道20世纪早期，在西欧，也许北美也是同样，在教室里当众挨打是学校日常的一部分。如今，孩子们不再遭受如此令人羞辱的体罚，并且有迹象显示，现今孩子们挨打幻想的现象已经不那么常见了（Novick & Novick，

1972）。

根源性的无意识愿望是想要与父亲性交的愿望，它是由目击或体验到真实殴打的白日残余所激发。这种生成的愿望通过诸如白日梦之类的次级阐述来伪装。从这个意义上来说，白日梦与显梦类似。第三阶段幻想的伪装本质让它可以供作自慰使用，如此以来，通过伪装的幻想，隐藏了父亲，一个乱伦愿望便得以被满足。

在我的临床执业经历中，很少听到过关于明确的被打屁股幻想的描述。但我所观察到且我也相信是相当普遍现象的是，在女性的一种自慰幻想中，幻想者被羞辱、控制及贬抑。这并不罕见，这类幻想是为了达到高潮而必需的，无论是在自慰还是与性伴侣的性交中。

一位接受分析的病人报告了以下伴随着自慰的幻想：她穿着尿布，并在大庭广众之下在内裤里大便❶。这幻想无疑有多重决定因素，但其中一个意义显而易见：对小孩以及成人而言，一个人排便的失控都是耻辱与羞愧的终极来源。通过在幻想中将这种羞辱性欲化的方式，她便能够将羞辱的感觉带入自我掌控的范围内。

在《性学三论》中，弗洛伊德提到了一个过程：一个服务于一种功能的本能系统（instinctual system）被置换或转移至另一个服务于完全不同功能的本能系统中。弗洛伊德（Freud，1905：182）这样写道："首先，性欲活动将自己依附于某一为自我保存（self-preservation）目的而服务的功能（比如哺乳）上，直到后来才独立。"❷ 我将弗洛伊德的思考意译为：虽然哺乳与性欲是分开的不同的生物学系统，但与这些系统相关联的情感可以彼此被置换、合并或替代。在我刚刚所给的例子当中，羞辱感是性唤起的来源。这可以被视为一个更普遍过程的一个例子——对痛苦情感的性欲化。例如，众所周知，恨与焦虑都可以被性欲化。斯托勒（Stoller，1975）形容性倒错为恨的性欲化的形式。我们也知道对一些人而言，将自己托付给他人的愿望中隐含的焦虑是被性欲化了的，并且可以成为性倒错的核心。因此，从挨打幻

---

❶ 我在《私密的自体》（*The Private Self*）中报告了这个案例（Modell，1993）。
❷ 我在《对客体关系的笔记》（*Some Notes on Object Relations*）（Modell，1990）中详细讨论了这一点。

想得来的快感，不能仅以对父亲的乱伦欲望及力比多退行至肛门性欲带来解释。

当在性交中必须要有挨打幻想时，我们注意到幻想提供了一个额外的功能——主体并没有将她自己（或他自己）交付给与他人在一起的体验中，而是创造了一个无法分享的幻想私密世界。这是在他人面前维持孤独的一种方式❶。安娜·弗洛伊德的诗捕捉了这个私密的内在世界，她在接受分析的时候（Young-Bruehl 节录，1988），写下了以下词句：

在世界的影像里，

我们生活的所在，我会忙碌地

建筑一个小小世界给自己，

是我自己的力量，一个微像。

我们很难对当代文化中挨打幻想的盛行得出任何概括性的结论。就如我已指出的，我不经常看到如弗洛伊德在他论文中所呈现的典型的挨打幻想，因而无从评断这种幻想是否如 20 世纪早期般普遍。不过，一则对这种幻想的当代记述，刊登在《纽约客》（New Yorker）最近一期针对女性议题的特刊中。学者达夫妮·默金（Daphne Merkin，1996）描述自己终身沉浸于被打屁股的幻想中。在她自传式的文章里，强调了难以接近双亲的感情。她并不记得自己有过被打屁股的经历，但她经常目击家庭保姆对她的兄弟做出这样的惩罚。她说："（当）看着我的兄弟被惩罚时，我想我推断这些殴打是爱的一种形式。这羞辱安全地由他人所承受，但有这些东西是让人嫉羡的，嫉羡这么多的注意力与能量施加到小男孩的圆的、裸露的屁股上。"她补充道："打屁股有着明确的开始与结束，在那之后，生活又回到了平常的轮廓中。相较之下，我母亲的惩罚方式就显得不那么简洁：她可以持续好几天不跟我说话。"在默金的记述中，比起她对父亲的乱伦欲望，缺乏回应的母亲

---

❶ 我在《私密的自体》（The Private Self）中讨论了这个主题（Modell，1993）。

所扮演的角色是一种对挨打幻想的更有效的解释。有人也许会回应说，这是篇文学创作，且弗洛伊德明确地指出对父亲的乱伦欲望是无意识的。然而，这位女士的故事与我自己对一些女人的观察不谋而合，她们为了达到高潮必须想起令人羞辱的幻想。在这些（女性的）幻想中，羞辱感是男性施加的，我丝毫不怀疑性唤起可以被追溯到父亲，但我强烈感觉到在早期与母亲的关系中可以找到更为突出的决定因素，特别是在那些羞辱幻想伴随着可以被称之为追求不快感的个案中。

作为婴儿观察的结果，我们已经对早期母婴情感对话的重要性变得敏感。对于那些母亲因为抑郁或其他原因而缺乏情感回应的孩子而言，可能体验到母亲是一个无生命的、"死的"客体（Green，1983）。母亲的闷闷不乐无法赋予孩子活力，使得孩子也因此感受到自体（self）像是死的。以此观点来看，从羞辱幻想中得到的兴奋与唤起，既是自体死亡感的解药，也是对自体恨意的表达。在她的《纽约客》文章中，默金揭示了下列想法："我真正怀疑的是，我其实想要被打死——将我的忧伤转变成麻木的状态与永恒没有感觉的状态。"因而我会将一个被打的小孩的幻想，置于更为宽广的自体精神病理学的背景当中。

将受虐幻想起源的核心归于内疚感，毋庸置疑，弗洛伊德是对的。但我会质疑内疚的内容是否正如弗洛伊德所描述的一般，都一致是乱伦的。这种想要被父亲殴打的愿望，并非是这个范式幻想唯一的、可能也不是主要的决定因素。数年前，我观察到了一种原始或基本的幻想，对许多人而言它是无意识内疚感的根源（Modell，1965）。这种基本幻想如下：当"好的"某物被身体／自体所获取，它便"全部消失"，家庭其他成员将无法享有。对某些人而言，拥有某些"好的"事物——即某些会使人愉悦的事物——意味着另一些人被剥夺或被掏空了。这些另外的人最终可以被确定为母亲，因为孩子得到快乐而导致她在幻想中被损害了。因此，孩子需要母亲的允许才能感受到快乐。倘若在母婴对话中，母亲是不回应的，或心理上是死亡的，孩子可能会在追求快乐的过程中体验到一种禁令。于是样本幻想也许可以被认为是一个妥协形成的症状——对性快感的追求必须被羞辱的痛苦所否定。

因此，羞辱或受虐幻想的现象，要比弗洛伊德论文所涉及的还要更加复杂难解。首先，它并非一致统一的，而是受到广泛的个体差异的影响。此外，正如在所有症状中一样，我们可以在除了俄狄浦斯情结以外，辨识出由多重相互关联的决定因素所交织的一个网络。

继扬·布鲁尔（Young-Bruehl）所著传记的问世，我无法在读《一个被打的小孩》的时候，不去联想到弗洛伊德对他女儿安娜的分析。我强烈怀疑，虽然他的女儿只是六位病人中的其中一位，但正是贯穿于整篇文章的弗洛伊德分析女儿的经验，帮助他去专心于理论的陈述。弗洛伊德的核心发现是在一个被打的小孩的幻想背后，存在着无意识想法："我的父亲正在打我的屁股，而这刺激了我的生殖器。"当弗洛伊德观察到这一有组织的幻想在他女儿的内在世界里，他是如何反应的呢？他的令人困惑的论断，即第二阶段的幻想从未进入意识，因此与真实经验没有什么关联，是否代表了他希望让自己保持距离，不去察觉到对他女儿有任何诱惑性的卷入？弗洛伊德发表了女儿的自慰幻想，这意味着什么呢？这无疑是经过她的许可的，但是她的顺从又说明了什么呢？这些问题仍旧是无法回答的，但它们的确暗示了与弗洛伊德对挨打幻想的分析交织在一起的，正是他与安娜之间意识的与无意识层面的关系。或许他这篇论文的出版代表了弗洛伊德与女儿之间共谋的行动化？弗洛伊德强调（对父亲的）男性认同是小女孩挨打幻想中通常会有的部分。对安娜·弗洛伊德而言，她的论文《挨打幻想与白日梦》是她选择成为一名精神分析师而非一名教师的手段。她以这种方式巩固了对父亲的认同，同时也证实了她父亲在《一个被打的小孩》中所概述的理论。扬-布鲁尔注意到，弗洛伊德对安娜论文的反应是父亲式的骄傲，但夹杂着焦虑。她记述道，当安娜计划将她的论文呈报给维也纳精神分析学会作为测验讲稿时，弗洛伊德在他给马克斯·爱丁根（Max Eitingon）的一封信中，将自己比拟为朱尼厄斯·布鲁特斯（Junius Brutus）——传说中罗马共和国的创建者与法庭主审法官（传说中朱尼厄斯·布鲁特斯因为儿子违抗他，而将儿子处死）。把安娜当作他的儿子，弗洛伊德似乎镜映（mirroring）了安娜自己的男性认同。

《一个被打的小孩》，无论作为它本身还是精神分析历史的一页，在错综复杂分支的论文中，都具有丰富的意涵。

参考文献

Freud, S. 1905. Three essays on the theory of sexuality. *S.E.* 7.

———. 1919. A child is being beaten. *S.E.* 17.

Green, A. 1983. *On private madness*. Madison, Conn.: International Universities Press.

Merkin, D. 1996. Personal history—unlikely obsession. *The New Yorker.* Feb. 26 & Mar. 4:98–115.

Modell, A. 1965. On having the right to a life: An aspect of the superego's development. *Int. J. Psycho-Anal.* 46:323–31.

———. 1990. Some notes on object relations, "classical" theory and the problem of instincts (drives). *Psychoanal. Inquiry* 10:182–96.

———. 1993. *The private self*. Cambridge, Mass.: Harvard University Press.

Novick, J., and Novick, K. K. 1972. Beating fantasies in children. *Int. J. Psycho-Anal.* 53:237–42.

Nunberg, H., and Federn, E., eds. 1967. *Minutes of the Vienna Psychoanalytic Society,* Vol. 2. New York: International Universities Press.

Stoller, R. 1975. *Perversion: The erotic form of hatred*. Washington: American Psychiatric Press.

Young-Bruehl, E. 1988. *Anna Freud: A biography*. New York: Summit.

评论《一个被打的小孩》

伦纳德·什格尔德❶（Leonard Shengold）

在这篇论文中，弗洛伊德对他的六个病人的施受虐现象的具体序列予以观察并给出了结论和谜团。这些序列围绕在挨打幻想周围，弗洛伊德将其称为"受虐癖的真髓"。他聚焦于这些幻想，提出了一些挑战一般假设的问题。为什么会有人想要被打？愿望和冲动是如何变成强迫性重复的主题的？这是如何变成性倒错的？倒错的性受虐冲动存在于各种冲突的模糊之中。它们往往预示着幻想中压倒性的强烈性快感，实施到行动时（如果被允许）可以短暂地克服通常共存的、潜在抑制的"不快感"——焦虑、否认和憎恶。

在评论、阅读与（尤其是）引述弗洛伊德的论文时，最理想的是需要一个历史学家的观点视角，特别是对于弗洛伊德以及弗洛伊德学派的构想。近年来我们已经忍受了一连串对弗洛伊德的个案历史的不公正的评论和批评的论文了。其中有许多根本没有考虑到时间顺序，而是倾向于指责弗洛伊德在20世纪早期的构想，不仅是因为他没有预见到自己后来的观点，而且甚至因为他没有追随当代心理学的趋势。弗洛伊德在1919年出版《一个被打的小孩》（写于1918年），早于他的许多重大理论的修订——本能理论（《超越快乐原则》，1920）、从拓扑学到结构学的心灵模型（《自我与本我》，1923）、焦虑理论（《压抑、症状与焦虑》，1926）。他尚未达到以系统性的观点来看力比多的前俄狄浦斯期和本我的发展，还未开始修订他对女性和母

❶ 伦纳德·什格尔德（Leonard Shengold）为纽约大学精神医学的临床教授，也是纽约大学精神分析机构的前任主任、国际精神分析协会的前副会长。

亲角色的观点（见 Young-Bruehl，1988），以及他对受虐癖还有进一步的看法［在《受虐癖的经济学问题》（*The Economic Problem of Masochism*），1924；《精神分析大纲》（*An Outline of Psychoanalysis*），1940；以及其他］。

在考虑后弗洛伊德学派观点（与弗洛伊德的观点形成对比）的演化时，我们应该记住他是那个巨人，后来许多心理学家站在他的肩膀上（引用了一个陈腐的比喻）。有些人似乎没有意识到这点，而另一些人则急于去啃咬这个巨人的肩膀。过去这几年来人们对弗洛伊德的人格和理论的攻击大大加速，从合理、平衡的到偏见、谋杀的都有。哈罗德·布卢姆（Harold Bloom，1973 & 1994）曾将自己的一本著作取名为《影响的焦虑》（*The Anxiety of Influence*），这个短语概括了他对创造的智性生活中冲突的描述，要去吸收并且摆脱上一代有创造力思想家的主导观点。这涉及（如果不是对布卢姆，就是对那些有着复杂的观点，而避开了简约化公式的精神分析师们）更深层的无意识愿望，来自于杀死双亲的冲动——谋杀和吃人的、俄狄浦斯或前俄狄浦斯的。有时这些不能被妥善地升华，以至于原始充满恨意的热情就会显露出来。这种强烈的恨意尤其会在，当然不仅限于，那些充满魅力的智性领导者的前信徒或追随者身上发现。近几十年来，马克斯（Marx）和弗洛伊德的追随者们一直在积极地走着从信徒到叛变者的激情之路。抨击弗洛伊德已成为当前的学术潮流，至少在美国是这样；弗洛伊德变成了被打的小孩、被咬的巨人。阅读这篇他 1919 年的作品，也许可以提供一些有关的观点。

深受心理问题折磨而前来寻求帮助的人，需要治疗师的共情。这并不总是很容易提供的。理想的共情是特伦斯（Terence）所说的："所有人性都与我有关"（*Heautontimorumenos*），对于试着达到这个不可能的标准、想要成为帮助者的人而言，遇到的最大困难是，当病人的病理学存在于弗洛伊德所描述的"超越快乐原则"的精神范畴中时。在那个充满了不合逻辑和自我毁灭的谜团的隐喻空间中，存在着去了解人类攻击现象——谋杀和食人的黑暗路径，不只是指向他人（有时可以理解为是防卫或适应性的），而且也会向内转向自身，与我们所坚持的自我保存本能的驱力假设相矛盾。

早期心理发展过程中的某些时刻，攻击冲动和性冲动混合在一起。施虐——希望、观看或引起他人痛苦的性兴奋甚至是愉悦感——已经足够令人困惑（我们都需要去坚守天堂中原始纯真的神话）。而追踪受虐癖的情绪逻辑则更困难——混合了性唤起和转向自身的攻击。施虐和受虐总是作为一个整体一起出现，每一个人都有他们独特的、动态多变的施受虐融合模式。施受虐的冲动甚至进一步被与它们对立的心理防御的无数个体差异性所区分，这种施受虐和心理防御之间的对立是每个人不可避免的矛盾部分。这些无限的变量产生的现象都由同样的元素所构成，但是（就如同我们人类脸型的特征）没有两种组合会完全一样。在探索这些独特的差异性时，发现新奇物时的兴奋感，是从事精神分析工作的额外好处之一。

我们了解，但是并不轻易接受，人类本质中存在的破坏性邪恶的一面——尤其是当跟我们自身有关时。这样的事情真的可以吗？在这里，接受无法改变的现实，只会产生愚笨或妄想和否认。当然，我们很容易、甚至有时候需要这样的否认（和妄想），很难或是根本无法完全放弃对伊甸园的承诺，至少在与我们自己的关系中（见 Shengold, 1995）。也许最难接受攻击性是遗传于人类（也就是来自一个人自己）的生物性本质——是种系发展的一部分：遗传的本能驱力。这部分弗洛伊德学派的学说［已经在早期就呈现在挨打幻想的论文中，但在《超越快乐原则》（Freud, 1920）和《文明及其不满》（*Civilization and Its Discontents*）（Freud, 1930）文中有更具说服力且悲观的详细说明］在这些年来饱受围攻。显然，更令人心安的是去强调较不悲惨的、由总是存在的环境因素所造成的攻击性：不可避免的挫折、坏的双亲、坏的社会力量、甚至——对某些人来说——坏的超自然力量（魔鬼，或是它的等同物，某个被神奇赋予的邪恶对手❶——是一个需要的角色，让我们可以投射或是转移邪恶）。当邪恶是或感觉上是来自外部时，至少有更多可以通过我们的意志去改善的希望——而不是不得不依赖奇迹或是一些模糊的有可能但肯定无法确实的无意识的、生物的、纠正的、进化的表现形式

---

❶ 撒旦是希伯来语的"对手"，他没有出现在《创世纪》（*Genesis*）中，而是后来在《Ⅰ编年史和工作》（Ⅰ *Chronicles and Job*）中出现。

（见 Trilling，1953）来减轻我们遗传的毁灭性动物本质。自恋将我们推向"更高的目标"，致力于人类的，尤其是个人自己的中心地位和提升—— 一个智慧不允许我们依靠它来完成的目标。

弗洛伊德的论文由一个现在看来依然令人信服的临床观点开始："令人惊讶的是，那么多寻求分析治疗的人们……坦白曾经沉迷于这个幻想之中：'一个被打的小孩'。"在弗洛伊德的执业经历中，他发现在某些时刻的幻想（开始于孩童早期）变得与自慰有关联；当自慰继续，幻想-行动的组合倾向于获得一种重复性的与强迫性的张力。弗洛伊德评论了幻想的可能普遍率及其后果。他看到幻想-自慰情结（fantasy-masturbation complex）在孩童中是一个短暂的发展现象，是"婴儿性倒错"的一部分，有时会发展为病理性的长期性和强度❶。挨打幻想虽然开始于早期，但弗洛伊德提到，当孩子六岁进入学校看到其他人，通常是男孩挨打时（当时是 1918 年），这种幻想会被强化。孩童在家里很少被打，"由于素材的片面性，不可能去证实一开始的怀疑，即这个关系是反过来的。（病人）很少在孩童时期挨打，或无论如何也不是被棍棒打大的"。弗洛伊德的"怀疑"需要被质疑（虽然不一定要被拒绝），特别是鉴于目前所了解到的知识，即弗洛伊德在 1918 年开始对自己的女儿安娜进行分析，紧接着他就开始写《一个被打的小孩》，而安娜则是她父亲对自慰的挨打幻想的观察资料的主要提供者（见 Young-Bruehl，1988）。我认为这个"怀疑"，部分基于弗洛伊德知道或至少是他希望❷他的女儿在家没有被打，其普遍化效度并不可靠。我并不是一个儿童分析师，所以我站在一个不牢靠的立足点上，但是我肯定见过（或在督导中听到过）有类似挨打幻想的成年病人，回忆起令人信服的童年期曾在家或学校被打的记忆——与其他在分析中没有产生这样记忆的人们一样，对他们来说，殴打也许不曾发生，但是依然很恐惧又兴奋地期待着被打，就如同弗洛伊德在论文中所描述的那样。这两组个体都可以一直保有这样的挨打幻想，

---

❶ 这种关于童年挨打幻想的发展上"正常"的短暂性但病理性的固着的观点，也是诺维克夫妇（Novicks，1995）果断表达的一个现代观点。

❷ 弗洛伊德因对自己的女儿进行分析而受到了相当公正的谴责。但是并不代表他是一个打孩子的人，当然我并不是在暗示这个不太可能的角色。在弗洛伊德的时代，对孩子的身体惩罚是很常见的，也许安娜也遭受到过。但是，幻想中的期待就已经足以导致她的施受虐愿望和恐惧了。

成人期后也继续保持这样的幻想。

在童年时期，在家或是在学校定期被打——棍棒和藤条的自由使用——可经常在过去几世纪以来的回忆录、传记、小说中看到，尤其当作者来自于俄罗斯和英国（其中的公立学校）。其中著名的有狄更斯（Dickens）、屠格涅夫（Turgenev）、陀思妥耶夫斯基（Dostoyevsky）、塞缪尔·巴特勒（Samuel Butler）、斯温伯恩（Swinburne）、契诃夫（Chekhov）、吉卜林（Kipling）、奥威尔（Orwell）等。契诃夫（Chekhov）和塞缪尔·巴特勒（Samuel Butler）两位是著名的被父亲殴打的受害者和记录者。殴打和观看殴打尤其与奴役（弗洛伊德提及《汤姆叔叔的小屋》）和农奴（Turgenev & Dostoyevsky）有关。

我发现挨打幻想显然可以在孩子没有遭受过现实殴打的情况下存在。有趣的是，弗洛伊德描述"婴儿性倒错"（幻想加上自慰）的获得是一个"事件"❶。这似乎有些含糊不清。是自慰的行动将幻想转成事件？难道幻想本身不是就已经足够有力地构成一个事件吗？（如同往常，当弗洛伊德写到病因学时，他会带进经常伴随的"先天体质因子"，而这一因子与发生在孩童身上的事交互作用：在这里他认为是先前早熟的施虐发展。）我们总是很难去评估过去"到底发生了什么"。弗洛伊德在这篇论文中碰触到另一个、有时候是无解的谜——病因学之谜。

的确，这篇文章包含一个弗洛伊德对恢复记忆的最直接的表述之一："严谨地说——这一问题难道不应该以尽可能的严谨来思考吗？——只有当分析工作能够成功地消除失忆症，不再隐藏成年人在童年时期（也就是2～5岁）最开始的记忆，它才值得被承认是真正的精神分析。"我认为弗洛伊德理想化记忆恢复的目的，是在强调起源学原则，需要通过"还原"过去，尤其是通过在分析中重新让俄狄浦斯情结复苏，将心理病理追溯至生命前五年的源头。相比我们今天，弗洛伊德1918年对记忆的观点要静态得多，还没有领会到致力于压抑之外的各种阻抗和防御的重要性。自我发展和客体关系的角色也还未完全掌握。

---

❶ 他所使用的德语词汇是"*Ereignis*"（事件，事故，正在发生）；我相信这个德语词的内涵比英语的"event"（事件）一词更广泛，"event"的内涵主要指经历了来自外部事件的体验。

鉴于恢复历史真相的困难程度，以及目前所接受的神经学和心理学中关于记忆变换的本质来看，弗洛伊德所陈述的严谨性也不再适用。对我们这个不可能的专业来说，历史真相应该被保留为一个不可能的目标。但是舍弃这两个概念会比较好：固定的记忆（fixed memory）和弗洛伊德关于记忆恢复的考古学比喻。相反，我们应该强调的是去研究病人当前对于出生最初 5 年的心理"注册"（它们在记忆与幻想中的存在），包括其变迁和"注册"失败（所导致的空白）❶。

弗洛伊德提供了一项"挨打幻想的转化"发展的研究。这样的呈现有时候会有一种令人遗憾的印象，即这些转化缺乏每个独特个体巨大的差异性。举例如下。

病人 C 是一个聪明、有能力的人，因为焦虑、工作压抑、间歇性的低自尊及因性受虐冲动（总体而言还未行动化）的痛苦，而来寻求精神分析治疗。当他六岁时，一场车祸让他的双亲住院了很长一段时间，因此父母都无法照顾 C 和他稍年长的姐姐。他的姐姐被送到亲戚家照顾，但是 C 却被送到另一个州的寄宿学校，班上同学年纪都比他大。这所私立学校是一所有声望的军事化学校。学校大约基于英国公立学校的模式，面向上流阶层和新教徒（Protestant），研究古典语言，理所当然地鞭挞犯错的男孩。每天都有一整排的孩子等着被打（这可能是由于校长个人偏好和训练，他在办公室里保存了一系列使用过的桦条。后来，C 听说，许多年后校长退休时，鞭挞的政策就被叫停了）。

C 的描述唤起了奥威尔（Orwell，1947）对 20 世纪初英国公立学校中施虐气氛的回忆。校长和许多家长不止一次声称"这种殴打对我的伤害更甚于你"，而且 C 记得他感受到了内疚感。尽管校长的面部表情严峻不变，C 对这个男人的残酷行为（后来他断定他是充满激情的）仍然印象深刻，包括打人、打孩童赤裸的屁股。 C 回忆起当时被打后想要得到校长的安抚。

---

❶ 成人的大脑以动态的方式"注册"过去，其特征为：a. 强迫性地重复在幻想、冲动和行动中的模式被投射和转移；b. "记忆"（我使用引号来表示其不可靠性）不断变化（相对于内容和对有效性的信念），随着成熟的过程而进行着终身的转化。为了填充"记忆"。需要基础于在移情中及对分析师和其他病人生命中的重要他人的投射中所复苏的（通常是扭曲的）过去的重建（reconstruction）。我把"记忆"看作一种历史和心理真相的经常无法破译的混合体。

但是那并没有发生。"没有任何明显的性行为发生"，C 补充道。在他告诉我这些的过程中，C 还主动提供了一个断言:他在家从未被双亲打过。

C 讲道对于双亲送他离开的这件事他感到困惑、绝望，还有内疚，但是他的愤怒被抑制了。在这次治疗的后半部分，他对从未被双亲打的声明作了修正。他不确定为什么他会这么说——当时他说的时候是那样认为的。但实际上，他妈妈常常威胁要用皮带打他，虽然那从未发生过，但 C 留下了对被皮带殴打的幻想及某些对皮革的恋物式的兴奋感。偶尔，当通常是"好"的妈妈抓狂生气时，C 会被她或父亲打屁股，但是他说"他们从未要求我脱裤子"（相对于校长）。C 记不起在寄宿学校前是否发生过这些罕有的打屁股事件。他的双亲很明显地不愿意通过打屁股的方式教育孩子，而且之后会为此感到沮丧:打屁股的行为是羞辱的，但是相当温和。他们让他很生气，尤其对妈妈（与妈妈相比，他更容易对他的爸爸生气）。后来，C 在分析中发现他对妈妈允许送走自己感到多么的痛苦，几乎是无法承受的程度。

学校的经验，充满了分离的危险和对双亲的愤怒，以及施受虐的兴奋感，显然这些给 C 留下了伤痕，并影响了他的幻想生活。其后，他因需要被处罚而感到痛苦，他记起从青春期开始偶尔会有一些模糊的被不知名男人殴打的白日梦和夜梦。但是，同样经常在梦中他是实施殴打的一方，而被打的通常是更年轻的男孩。在他成熟后，这些幻想偶尔还是会出现。

一次在我度假回来的会谈中，他说了一个梦:"我正在处罚一个男孩，但是我似乎只是用一根熟悉的藤条很轻很轻地碰了他的肩膀。那男孩哭了，我感到对他的爱，想要安慰他，但是我没有这么做。"那"熟悉的藤条"，C 说那是校长手里一根奇特的、沉重的棍棒，但没有用来打人。C 重复讲述他希望被校长打后获得"温柔"对待的愿望。在他的梦里，他已经扮演了温和版的校长，以及被温柔对待的男孩。C 表示在梦中没有性的感觉，仅是对男孩的一般爱的情绪。然而，他醒来时是勃起的。

这名似乎是以异性恋为主的男子，有着很强烈的同性恋渴望而未付诸行动。他的性欲被抑制了，除了零星随意地接触娼妓和他轻视的女人，C 过着相对禁欲的生活，他称之为"简朴和有规则的"生活，他避免长期的依恋关系。在性接触时，他压制了打人与被打的愿望。他对男性温和的爱欲感觉以在梦中对温柔的渴望来展现。在我看来，这个梦似乎表达了他渴望被父亲［和（或）是阳具母亲］爱，而现在是被分析师爱的愿望，似乎主要是负向的俄狄浦斯现象，退行式地以温和的施受虐术语来表达（这在被处罚幻想中也是很明显的，通常是直接的或是掩饰的打人幻想，有时伴随着手淫）。一般来说， C 易受到对施受虐兴奋感理想化的影响（有时混杂着同性恋的幻想），似乎特别地筛选掉了插入、破坏和憎恨。他试着通过在手淫幻想中将爱与处罚等同的方式避免破坏，而没有想要杀死或攻击性地性交于这个世界的女性或男性校长或是臣服于他们的攻击性（以肛欲为主导的硬币的另一面）。这证实了弗洛伊德的普遍结论之一❶。

C 频繁激起的受虐现象，似乎是为了抓住他预期会失去的父母客体——尤其是为了保护他们免受与这个预期相关联的毁灭性愤怒。诺维克夫妇（Novick & Novick，1995）令人信服地提出了一种关于病理性受虐狂的观点，主要是为了对抗失去父母的精神意象（mental image of parent）的危险，保护他们免受孩童的虐待。我将会以临床例子来说明这一点。

病人 D，在我 8 月的假期后（引发了同 C 一样的客体丧失的威胁），由于我身体的一点小状况，需要取消我回来之后第一周的最后一次会谈，他当时感到格外难受。在下一周的第一次会谈中， D 表示，他"认为"自己很生气，因为我取消了上周五的会谈。虽然他注意到我前一天在咳嗽，所以对取消会谈并不十分感到意外（D 是那些讨厌惊喜和突然变化的病人之一，我发现这一点——经常性地，但不总是——是孩童创伤的残余）。他的想法是：我会还给你的——意思是说他将要进一步推迟支付 7 月的逾期账单。我意识到这个"不支付"的行为牵涉到无意识地紧紧抓住分析师所代表的父母——在无意识幻想中的连结：欠分析师钱等同于分析师的粪便阴茎（fecal phallus）在 D 的肛门里。我并没有诠释这个（不付费的决心对 D 似乎是如此明显而不理性的挑衅，以至于他开始笑起来，当他跟我这么说的时候）。我给出的评论是，他说他"认为"他是生气的，我想知道他是否感

---

❶ 我试图展示弗洛伊德在这篇 1919 年论文中的理论概述的临床效用性，无论人们想要给它们添加什么修改或是定性，甚至是在弗洛伊德所描述的具体细节中发现变量时。

觉到了这种愤怒。D说："当我看到你时它就离开了，我肯定对此很恐惧。"（这对这位聪明的男性来讲是很典型的，即假如是为了无意识地避开来自于意识层面的伴随的有威胁的强烈情感，他就能允许自己的智力洞察。）

在我取消会谈的那个星期五，他独自一人在家，在那短暂的愤怒后，他感到焦虑与孤单。"当我感到焦虑和孤单时，我经常这么做，我求助于挨打的幻想。"在他的分析之初，他已经谈过这些幻想，但是直到最近几个月，他才开始披露其细节。这些幻想通常包括被一个匿名的女人打，这个女人是"英俊"、高大且强壮的。他怀着极大的喜悦，向她的命令臣服，让她打自己裸露的背。有时候角色会颠倒过来，他打对方——这是弗洛伊德的公式中另一种常见的变体。星期五的时候是更典型的手淫幻想，在这个幻想中，他被一个女同性恋者（dyke-ish）打。他"认为"也许那个女人代表了我。但是事实上，她让他想起了他最近梦到的一个在孩童时期相当令人崇拜的夏令营辅导员。这个年轻男性长得既高又帅，以引诱所有漂亮的女性辅导员出名。在梦中，D是一个望着辅导员的男孩，不清楚这名辅导员是男性还是女性。"但是"，D强调，在梦中没有打人，也没有臣服（在弗洛伊德看来，这个强调是D的，我把它看作一种否认的表达）。这梦几乎没有什么情绪，但它在他的脑海中已经存在了一段时间，在之前的分析中并没有提及。

在他早年的校园生活中，D很崇拜这名年轻男性，并且对他有着模糊的"浪漫情感——但不是性欲！"（对照C宣示性的否认）。D继续说："我是他最喜欢的那一类型，但是有一次他对我吼叫，还从后面用力地打了我，然后我就恨他，甚至想杀了他。那时我也有挨打幻想，但总是一个女人打我，而且假如我想象我臣服于一个真实的人，那我就会对那个人感到愤怒。我猜我对你感到愤怒。你不年轻也不帅，但是你很高！"（这个分析是发生在多年前，当时我比D年轻，而且我相信我看起来也确实如此，但是他有他的坚持，坚定地相信我是老一辈的人。）"我的辅导员代表的是你（停顿了一下），我猜。"

D在童年时常常受到体罚，被他"总是冷淡不满的妈妈"用毛刷打屁股。他起初回忆这些经验是愉快的，这至少代表妈妈在乎他。但最终，当他对母亲压抑的愤怒（还有对父亲的愤怒，因为他允许打屁股的发生）出现时，对于 D 来说变得越来越清晰的是，这种殴打行为是多么可怕。其中的痛苦并没有很多，但是有兴奋感，然后变成了过度的刺激、无助与愤怒——还有，或许最主要的，是恐惧，对于他自己愤怒的恐惧。"殴打持续时间过长。"他在分析治疗的早期这样说。当他还是个孩子的时候，他就已经感觉到这种愤怒了。他尽力将焦点从母亲身上转移到毛刷上。他是多么憎恨那把毛刷！

D 后来在分析中发现，他对愤怒的恐惧如此强烈，以至于让他想要杀死他觉得自己无法离开的母亲。就好像这感觉的强度本身就拥有神奇的杀人能力。而且在我引用的这次治疗当中，D 也能够看到自己一直害怕失去我。当他短暂地感觉到——正如他在那次结束前所承认的——对我有"谋杀"的冲动时，这种感觉变得尤为真实。那曾经在家也发生过，就在手淫幻想之前；幻想中的屈服和"肛门"的连结保护了我以及他与我之间的关系。惩罚暂时变成了"爱"，或者至少是对爱的希望和需求的保护。

从起源上来说，对我的移情中似乎包含了双亲。弗洛伊德谈道"生殖器组织本身会被退行性地贬低到一个更低的层次。'我的父亲爱我'带有一种生殖器的意味，由于退行，它变成了'我的父亲殴打我'……这种挨打就成为了一种性爱与内疚感的混合体。这不仅是对禁忌性的生殖器关系的惩罚，而且也是对这种关系的退行性替代品"。但是就 D 来讲［与弗洛伊德在其论文别处中坚称"（男孩与女孩）都一样，他们的挨打幻想都是起源于对父亲的一种乱伦依恋"相反］，相较于父亲而言，母亲在无意识幻想和意识幻想中以被禁止的生殖器性欲和肛门的退行形式，更被叠盖住；双亲——阳具母亲与主动的父亲，以及与此相反的被动的母亲与被动的父亲——在所有的这些版本中都可以转化成分析师，于是分析师开始出现在挨打幻想中。

对我的病人和弗洛伊德来说，一个比肛门力比多更深刻的从俄狄浦斯冲突中的退行性撤退，可能包含在挨打幻想中。在这次治疗快结束的时候，D 说道："假若我有一个关于你的挨打幻想，在我的幻想中，你和我将会在一起，我将不会孤单。我憎恨在我的治疗时间结束的时候从躺椅中起身，并走出治疗室。这意味着将我的屁股给你看。我恨你，因为当我在告诉你这些时，我感到如此的羞愧。然而分离伴随着憎恨。假如我让我自己将你放进幻想中，我猜我会以羞愧和兴奋紧紧抓住你。我想要它，但是，你知道的❶，在一起也会让我有失去身份认同的威胁，仿佛我将变成你的一部分。这不仅是跟性有关。在我的幻想中有乐趣，但这是可怕的一部分。"

这是可怕的部分之一。在肛门发展水平上主导的是施虐冲动及其对失去双亲他者的可怕威胁，而相伴随的肛门被动性（anal passivity）和受虐的臣服（也充满了危险）则是为了与之相抵消。失去身份认同和失去自体的危险，来自于对口腔融合的愿望。这起源于比肛门期更早的发展时期，当母亲被认为是不可或缺的"唯一"他人时，我们今天知道，母亲在一开始，是作为自体的一部分的❷。危险的东西，也是欲望的东西——自恋的退行防御之陷阱（见 Shengold, 1988）。

这次会谈符合克里斯所描述的"好"（Kris, 1956：253），但这样的洞识，D 需花费很多年去修通，以至于能够安全地拥有它，并且使用它去解放自己，直到可以减轻自孩童时期就背负的施受虐的重担。

打人与被打的性欲化的特点是，固着于退行到似乎主要是肛门的感觉和冲动［关于肛门情欲（anal erogeneity）（身体感觉）和施受虐的力比多

---

❶ 我对病人所说的话并不感到惊讶，但是我当然不知道。这句"你知道的"，在这里听起来好像是不由自主的。我感觉这种"你知道的"是一种投射，很多人都会这样，因此病人也是。一些 D 自己不会或无法知道的东西，在第二个人身上出现，投射到了分析师身上——"我知道的"变成了"你知道的"。这种日常的投射的确涉及一种短暂而微小的身份丧失，把"我"交出去——在这个例子中标记着 D 的自我暂时从一个正在浮现的洞察中撤退，是在分析中一种长期前进后退的（动态内部变化的）奋斗缩影。这种"你知道的"意思是指那个人所说的话不是"被自己所拥有的"（参考 Shengold, 1995）。

❷ 在肛门和口腔水平的接触和融合都是既令人满意的，又令人恐惧的，代表了布伦纳（Brenner）所强调的冲动和防御之间无所不在的心理妥协。根据弗洛伊德（Freud, 1941）的说法，当前的发展观点是，父母最早的心理表象一开始是"乳房是我的一部分；我是乳房"，而在发展的过程中，母亲的形象逐渐被分离开成为一个整体。父亲后来才变得重要，最初是作为母亲的替代者，然后是作为他自己。但是，最早的心理印象永远不会被抹去的，而作为原始父母的母性形象，对男人和女人来说都是至关重要的（垂死的人倾向于呼唤母亲，或者是呼唤上帝，把上帝无意识地当作原始的父母）。这种观点提供了一个复杂的视角，它修正了弗洛伊德所坚持的在挨打幻想中最重要的是父亲的观点。

（能量）；见 Fliess，1956]。弗洛伊德强调的是从俄狄浦斯冲动的退行——即从被动地服从父亲中的退行（或是，我们现在可以加上"阳具母亲"）。安娜·弗洛伊德在她 1922 年的《挨打幻想与白日梦》中根据父亲文章中所提及"阶段"（那无疑是她自己的故事）的轮廓，呈现了一个案例，并且再度阐述他的看法：殴打行为是退行性的"对乱伦之爱场景的替代"。

斯温伯恩（Swinburne）在他的生活和作品中（是在信件和小说中，但诗集就没有那么明显）提供了一个例子。其两部小说中的第一部 Love's Cross Currents，在 1877 年以笔名出版；他的信件和第二部小说 Lesbia Brandon，在他的有生之年并未出版。威尔逊（Wilson，1962）说：

当你在享受这些小说里散发的光辉和语言的机敏风趣时，却……很容易被一个很怪异又令人反感的元素干扰，这个元素在（斯温伯恩的）信件中，以一种更令人反感的形式出现。由于斯温伯恩少年时期在伊顿（Eton）的经历，他狂热崇拜于传统英国的鞭笞仪式，最后成为了他性满足的能力中不可分割的一部分，似乎是完全受虐的。被鞭笞的快感及其重要性在……他的家庭小说中被谈及……在 Lesbia Brandon 中，斯温伯恩全力以赴，痛苦的长嚎变成了狂喜的叫喊。

斯温伯恩从未结婚。当他还是一个年轻男性的时候，他对一位女性表亲表现出了乱伦依附（显然从未付诸行动），对方就像是他的姐姐一样。那位女性表亲后来嫁给了别人（兄弟姐妹乱伦在他的著作中非常丰富）。斯温伯恩的成年期大部分是与另一个单身汉西欧多尔·沃茨·邓顿（Theodore Watts-Dunton）一起生活，对他有着典型顺服的态度。在斯温伯恩的信件中，他称沃茨·邓顿为"主"（Major），而他自己为"小"（Minor），这是一种无意识的亲子认同。斯温伯恩拿 Lesbia Brandon 的手稿给沃茨·邓顿阅读，而沃茨拒绝交还给他，禁止和阻止它的出刊。在斯温伯恩写给沃茨·邓顿的信件中，他经常进入一个学校男童的角色，经常暗示鞭打。对于这两

位男性之间有过怎样的行为（如果有的话）目前仍是未知，但是大部分的评论家认为可能没有明显的性接触。

威尔逊引用埃德蒙·戈斯（Edmund Gosse）未发表的关于诗人的回忆录的附录："他说斯温伯恩在伦敦发现了一家妓院，以鞭打为特色"，显然这家妓院是由女性经营的。威尔逊观察到斯温伯恩喜欢游泳，而且是在海中，"在危险的水中。（他的）信件确认了斯温伯恩喜爱游泳，除了提供严酷的考验以外，也提供了他受虐的满足。他喜欢被那无情的'甜美伟大母亲'击打和拍击。"

弗洛伊德坚持认为这类男性总是幻想被女性殴打，他心里想的就是像斯温伯恩这样的受虐癖者。弗洛伊德在这个时候仍然主张父亲是这类男性的客体，无意识地隐藏在女性殴打者的背后，而女性殴打者则代表母亲。今天我们将在由审查机制伪装而成的个体多样化的变体中看到一个更大的多层变量——父亲与母亲两者都参与其中。

至于挨打幻想，弗洛伊德认为女孩想要变成男孩，男孩想要变成女孩。今天，我们承认肛门-施受虐现象的目的是为了否认性别与代际间的差异（见 Chasseguet-Smirgel，1978）。弗洛伊德认为这些挨打幻想至少在其短暂形式中几乎是普遍的，对我而言，这些幻想对一个假设的确认，即在与性别（sex）相关的方面，我们基本上都希望成为和拥有一切——母亲和父亲、男孩和女孩、女人和男人。

弗洛伊德认为广泛存在的挨打幻想，表明"性倒错不再是儿童性欲生活中一个孤立的事实，不说是标准的，也是一种典型的、为我们所熟悉的发展过程"。弗洛伊德认为一般的孩童期性倒错有乱伦的基础，跟"孩子乱伦爱的客体"有关［这里的客体应该用复数（objects），弗洛伊德思考太多的仍然是父亲或母亲］。父母亲不可避免地成为最初的他者，所以也成为驱力发展过程中最初的客体。现在我们会说，这是由前俄狄浦斯通往俄狄浦斯情结之路：前俄狄浦斯乱伦客体成为了俄狄浦斯乱伦客体。除了这点，继续使用旅程的比喻，我们也能接受弗洛伊德主张的"婴儿性倒错的俄狄浦斯情结起源"，假如我们把它理解为是从俄狄浦斯情结的防御性退行，大量地或部分地横穿大道往回走，回到已确立的并且从未彻底抛弃的前俄狄浦斯性倒错的位置。

在《一个被打的小孩》中，弗洛伊德倾向以一种不寻常的笨拙方法自相矛盾，一方面，他就挨打幻想的形成和性倒错的原因，概述了相当固定的一般性通则、公式和顺序；另一方面，他明确地指出他的很多结论是基于局限的观察，还有许多未知、推测与不确定的东西（我们现在会强烈地感觉到施受虐倾向有多重决定因子，可以遵循多种路径，形成各种不同的模式）。对精神分析式的临床和理论工作来说，介于已知与未知、确定与不确定间的很难达到的平衡是必要的、甚至是最佳的。这是我们专业中不可避免的另一个不可能的部分。在我们工作的精神领域中，我们需要像弗洛伊德一样的思维，能够包容矛盾。他是个很好的模范。但是在这篇文章中，平衡似乎不见了，矛盾在互相撞击。这篇文章的特点是相对罕见地过度使用了不合格的（即不是轻微修改或否定的）术语："总是"和"从未"（always & never）❶，在他的概括中表达了太多的确定性。大部分的字词和说法，表达了女孩挨打幻想的不变性，这部分是弗洛伊德主要的临床材料。这篇论文也有许多例子，是更具弗洛伊德特点的平衡❷，断言中带着不确定；例如，他说，对比于他对女孩的主张，"在男孩挨打幻想上，我还没能了解如此之多"。

弗洛伊德的论文基于对四名女性和两名男性的分析。他提到其中五个个案的诊断（四名强迫症病人和一名歇斯底里病人），但是第六个个案既没有诊断，接下来也没有再提。我（与杨·布鲁尔）怀疑第六个个案，弗洛伊德所称的"安蒂根妮"（Antigone），是他的女儿安娜；而对她的分析是使弗

---

❶　用词索引列出了1053个使用"总是"（always）的例子，但其中大多数要么不表示不变的概括，要么是合格的［"几乎总是（almost always）、几乎从不（almost never）"］。也有其他替代这些绝对论词语的说法，在这篇论文中弗洛伊德使用了"必定"（certainly）、"不变地"（invariably）、"不可能不"（can not fail to）、"几乎不变地"（almost invariable）、"完全相同"（precisely the same）、"依然必要的"（no less a necessity）、"它不是"（it is not with）、"一般说来"（as a rule）和其他短语达到了同样的目的。奇怪的是，在用词索引列表中省略了"从不"（never），从"中立"跳到了"尽管如此"——一个无法解释的编辑者或印刷者的"口误"。

❷　有很多短语强调有多少是不知道的，包括"不可能说"（impossible to say）、"也许"（perhaps）、"最可能"（most probably）、"仍有怀疑"（doubt remains）、"似乎是"（seem to be）、"并不罕见"（not uncommon）。

洛伊德写成这篇论文的主要推力。这六个案例虽然对于受虐或性倒错理论而言是不太充分的研究基础，但是当然，弗洛伊德把他的全部先前经验都带到了归纳中（大部分是在他 1905 年首次发表、但一直修改和补充的《性学三论》之后）。琼斯（Jones，1955：305）称这篇挨打幻想论文是"一篇纯粹的临床研究"，但是它对弗洛伊德不断变化的理论观点做出了显著贡献，尤其是本能理论、施受虐和性倒错。

马奥尼（Mahony，1987：140）指出弗洛伊德在这篇论文中 "广泛地使用了现在时态"。这种特征是弗洛伊德的风格，虽然是间歇性地使用，但是它能产生即时的"冲击"，传递了戏剧性和情绪的张力——尤其是当弗洛伊德在写关于梦和临床叙事的时候。马奥尼说，弗洛伊德对现在时态的使用，产生了一种"迫切"❶。如果在这篇论文中有着不寻常的情绪张力，这可能再度（推测性地）归因于安娜·弗洛伊德作为弗洛伊德的病人所做的核心贡献❷。

因此，弗洛伊德在这篇重要论文中的一些缺点，可以归因于他个人版本的俄狄浦斯及前俄狄浦斯家庭情结，这些情结影响了我们所有人——他有来自于自己的婴儿期和种族的过去的亡魂（revenants）。弗洛伊德的优势在于，尽管他察觉到这种不可避免的弱点——他自己的和别人的——但他试图且要求他的追随者们尝试去考虑到其中的吃人、谋杀和乱伦。内疚感是人类都有的情感，这并不会减轻弗洛伊德本身的缺陷或是原罪。但在他论文的最后，他提醒我们看到自身的冷酷和我们父母的邪恶及相对无助的重担——我们都必须以自己的方式去面对哈姆雷特和俄狄浦斯所面对的问题。在我的评论中，我已经强调了这些谋杀冲动的颠倒形式的冲突和抑制性后果，来自双亲，朝向小孩（我现代化的修正部分以斜体字说明）："婴儿性欲（和攻击）（都）隐藏在压抑下，（同时）作为症状形成的主要成因；而（它们

---

❶ 马奥尼指出，弗洛伊德在德语中使用的现在时态并不总是被史崔齐（Strachey）在《全集》中翻译出来，但他特别引用了挨打幻想论文，作为弗洛伊德使用第一人称的例子，并且在翻译成英语时也保留了下来。

❷ 安娜·弗洛伊德曾多次宣称，《挨打幻想与白日梦》的临床素材来自于她自己的分析实践，以保护她的隐私。但那篇论文实际上是在安娜·弗洛伊德见她第一个病人的大约六个月之前写的（Young-Bruehl，1988：103）。

的）关键内容部分，俄狄浦斯情结（以及他的前俄狄浦斯祖先，借此转化而不是消失）❶ 是神经症的核心情结。"俄狄浦斯和它的前俄狄浦斯祖先当然包含谋杀和性。

这对弗洛伊德的那些自以为是的批评家来说太过了。要接受我们对吃人、谋杀和乱伦的个人沉溺（individual immersion），既是一种对自恋的打击，又是恐怖的来源，但是，这一切都太容易证明人性阴暗面的普遍性了。我们对否认的需求，是人性的另一个必要部分，长久以来难以超越，弗洛伊德作为扰乱世界和平的角色（保持在弗洛伊德学派的分析师角色中，如同一面镜子，在每一次分析中反射病人的心理和冲动），不可避免地继续刺激着指向弗洛伊德和精神分析的焦虑和敌意。

附　　录

我想将病人 C 这个挨打的小孩与和弗洛伊德的病人安娜·弗洛伊德联系起来，因为他们都有充满柔情的梦。

安娜·弗洛伊德在 1942 年，也就是她父亲过世后 3 年写道：

关于失去和被遗弃（与昨晚的梦境有关）：我梦到，正如我经常梦到的，他又出现在那儿了。所有这些最近的梦都有一个共同特征：主要角色并不是我对他的渴望，而是他对我的渴望。梦中主要的场景总是他对我的温柔，总是以我自己的、更早期的温柔的方式。在现实中，他从未对我展现"温柔"，除了那么一两次，那一直留在我的记忆中。这种逆转可以仅仅只是我的"对温柔的"愿望的实现，但它也可能是另一种东西。在第一个相关的梦中，他公开地说："我一直如此渴望你。"在昨日的梦中主要的感觉是，当我在做其他事时，他徘徊"在山顶上"……"我"感觉到我应该停下手头的工作，去陪他走路。最后，他把我叫到他的身边，要求我陪他一起走。我很欣慰，倚靠

---

❶ 弗洛伊德的一篇论文中是这样说的："对最早期经验重要性的强调并不意味着对后来的影响的低估。"这句话可以把"最早期"和"后来"调换来说。

着他，以一种我们两个都很熟悉的方式哭泣。温柔。我感到困扰，他不应该叫我的，就好像是一种放弃或是一种进步的形式因为他的召唤而被取消了（Anna Freud，1942：296-297）。

这是非常感人的，尤其因为她对父亲明显而又温和的责备。这责备不只是因为他很少展现温柔，也指责他要求一种伤害的或至少是禁忌的过度亲近，缄默而不直接明说的，我感觉是她抱怨其父亲"召唤"她成为其精神分析对象。

这个记录的结尾是从生气和责备中的撤退，朝向渴望、爱、内疚和否认："同情和坏的良心。联想：阿尔布雷切特·舍弗勒（Albrecht Schaeffer）写的诗：'你这坚毅而亲爱的旅人……你的每一脚步我都跟随，每胜皆与，一同忧愁，你这坚毅、你这亲爱的漫游者。'"

这些安娜·弗洛伊德的梦境，使她死去的父亲活过来。我感觉他们证明了受虐的孩童需要去压抑对双亲的敌意，并将之指向自己，以此避开或是尝试挽回对双亲的丧失。忍受虐待是为了与父母保持联系，没有了他们，孩子感觉生命也是不可能的。这个需求随后被性欲化。有一种对殴打的强迫性的渴望，不管是在情绪上还是在身体上，转变成了温情和爱。

参考文献

Bloom, H. 1973. *The anxiety of influence*. New York: Oxford University Press.

———. 1994. *The Western canon: The books and school of the ages*. New York: Harcourt, Brace.

Brenner, C. 1994. The mind as conflict and compromise formation. *J. Clin. Psychoan.* 3:473–88.

Chasseguet-Smirgel, J. 1978. Reflections on the connexions between perversion and sadism. *Int. J. Psycho-Anal.* 59:37–48.

Fliess, R. 1956. *Erogeneity and libido*. New York: International Universities Press.

Freud, A. [1922]. Beating fantasies in daydreams. *The Writings of Anna Freud*. New York: International Universities Press, I:137–57 (1974).

———. 1942. Notes toward the essay "About losing and being lost." In *Anna Freud in her own words*, comp. R. Rosen. *Bull. Anna Freud Centre* 18:293–305 (1995).

Freud, S. 1905. *Three essays on the theory of sexuality. S.E.* 7.

———. 1919. A child is being beaten. *S.E.* 17.

———. 1920. *Beyond the pleasure principle. S.E.* 8.

———. 1923. *The ego and the id. S.E.* 19.

————. 1924. The economic problem of masochism. *S.E.* 19.

————. 1926. *Inhibitions, symptoms and anxiety. S.E.* 20.

————. 1930. Civilization and its discontents. *S.E.* 21.

————. 1940. *An outline of psychoanalysis. S.E.* 23.

————. 1941. Findings, ideas, problems. *S.E.* 23

Jones, E. 1955. *The life and work of Sigmund Freud,* 1901–1921. Vol. 2. New York: Basic Books.

Kris, E. [1956]. On some vicissitudes of insight in psychoanalysis. In *The selected papers of Ernst Kris,* 252–71. New Haven, Conn.: Yale University Press (1975).

Mahony, P. 1987. *Freud as a Writer.* New Haven, Conn.: Yale Univeristy Press (paperback).

Novick, J., and Novick, K. K. 1995. *Fearful symmetry. The development and treatment of sadomasochism.* Northvale, N.J.: Jason Aronson.

Orwell, G. 1947. Such, such were the joys. In *A collection of essays.* New York: Harcourt Brace Jovanovich.

Shengold, L. 1988. *Halo in the sky.* New Haven, Conn.: Yale University Press, 1992.

————. 1995. *Delusions of everyday life.* New Haven, Conn.: Yale University Press.

Trilling, L. 1955. Freud: Within and beyond culture. In *Beyond Culture,* 89–119. New York: Viking (1965).

Wilson, E. 1962. Introduction, *The novels of A. C. Swinburne,* 3–37. New York: Farrar, Straus & Cudahy.

Young-Bruehl, E. 1988. *Anna Freud: A biography.* New York: Summit.

场景及其反面——对弗洛伊德联想链的思考

马尔西奥·德·F. 乔瓦尼**❶**（Marcio de F. Giovannetti）

正如与被分析者一起工作时，我们的任务从一开始就承担了不可能、缺陷与不充分的元素一样，写作与弗洛伊德的任一文本有关的文章，不可避免地也会是一个令人畏惧的经历，而且是一场放肆的冒险。毕竟，当我们阅读弗洛伊德或其他任一伟大作家的作品时，立刻就会面对知识与真理的争端，或关于知识的真理性的疑问；不论问题为何，我们都被流放到一个半说的（half-said）、禁止与空无的疆域之中（Andre，1994）——不管是整篇读完还是一行一行地读，弗洛伊德的文本，实际上就是它自己的主体——人——的一个模仿品，因为它从未停止诉说那些实际上不能被说出来的事物。它用一种恒定的变迁状态呈现自己，就像一个词永远在找寻另外一个词，也像是对话中的一个词，一边记录着对话，一边见证对话作为一个实存的不可能性。如同无意识一般，它并非整体而总是部分的，通过它特有的结构，显示了无意识中没有任何词不会突破并超越那些能被说出的每个词的极限，甚至在它刚被说出的那一刻就被转换成了一个半词（half-word），只说出一半的词，本身并不完整，即使在说的当下，仍在呼唤一个新的、诠释的词，而这个新词同样又需要另一个新词。

作为人类语言本身的一种元语言文字，弗洛伊德的文本在诞生时便已死亡，因为它在不断地自我改造，就好像把人们的注意力吸引到所有语言的象征与暗喻的本质上一样。因为它一直处于变动的状态，所以文本只构成了一

---

❶　马尔西奥·德·F. 乔瓦尼（Marcio de F. Giovannetti）为巴西圣保罗学会的训练及督导分析师。

个起点，而永远不是终点；在它不断地重新塑造自身及其对象的过程中，经历了移置、浓缩、再成形和自我否定，即使当它自己已达到一种清晰明白的层面时，仍然抵制合成，而那就是原始特质的来源（见 Giovannetti，1994）。

从弗洛伊德的写作生涯开始［《论失语症》（*On Aphasia*）、《一项科学心理学的研究》（*A Project for A Scientific Psychology*）］至结束［《精神分析新论》（*New Introductory Lectures on Psychoanalysis*）、《有止尽与无止尽的分析》（*Analysis Terminable and Interminable*）、《精神分析大纲》（*An Outline of Psychoanalysis*）］，其作品的标题，强调了不可能找寻到比大纲（outline）或项目（project）更好的字词，即那些能对其对象（也就是人类本身）的本质做出不止于说明介绍的字词。既不是可终结的，也不是不可终结的，弗洛伊德的文章简单地指向一种"注释"（*Deutung*），指向了一个有必要更深一层的文本方向——即任何人类话语构成的基本条件，并使那个话语具有一种历史正当性。

弗洛伊德的方法基于自由联想及与其对应的、倾听时的平均悬浮注意上。如果将他的方法应用到其全部作品上，就会发现各种联想充斥其中。虽然在《梦的解析》（*The Interpretation of Dreams*）一开始，结构上类似一种科学性论文，但从第二章便清楚出现了与实证主义者决裂的情形。弗洛伊德的方法变得越来越像随笔：在展现自己的作品是如何产生的过程中，他假定了一个主体的位置，用不同的方式与他的研究对象相关联。

虽然弗洛伊德花了 3 年时间撰写《梦的解析》（*The Interpretation of Dreams*）一书，但之后所有的作品，除了《摩西与一神论》（*Moses and Monotheism*）外，都是在很短的时间内完成的，实际证明了他对自由联想方法的忠诚：他会做笔记，记下在每个联想链中他心中的所有想法，并会跟随每一条思路，直到遇到不可抗拒的审查机制的力量为止，那将不可避免地打断他的论述。但那也只是短暂的时刻而已。当他在新的文本中重新开始他的论点时，之前的联想链就会再度出现，虽然已经经过了转型和加以伪装——可是后来的联想链仍与之前的具有紧密关系，不论是在连续性上、对比性上，还是心理的意象上。这些例子呈现在他多年来陆续添加到其大部分文本中的注解及附录里，以及在史崔齐（Strachey）《全集》译本中的前言及附注里——注解将其每篇文章置于一个具体的背景当中，而附录则不断地使我们参照到其他文本，不论是在较早或稍晚的作品当中。一些杰出的传记，只提其中的少数几个，比如琼斯（Jones）、安祖（Anzieu）及盖伊（Gay）所写的，都采用了类似的方法。

因此，阅读弗洛伊德的一篇文章，而不同时提及前后相关的作品是不可能的。类似地，他的所有作品并没有一个明显的入口，因为每一部作品既是通往其他作品的路径，也是整个理论的一部分地基。所以，同样地也没有哪一部作品是出口。

梅尔策（Meltzer，1978）提到了弗洛伊德著作中有两次重要的天赋迸发期：1899～1904 年间及 1919～1922 年间。在我的心中，这个想法的内涵比其清楚阐述的部分更有趣，因为在第二次迸发的背后，隐藏着的是原始的联想链成功克服阻抗最高点的事实。从那之后，就像一个被分析者恢复了一段创伤记忆，从而能够在不同的层面讲自己的历史重组一样，弗洛伊德的作品也能够在不同层面重新建构。这个新层面并不意味着比之前的作品更好或更糟，正如桑德勒（Sandler，1987）谈及第一及第二拓扑学理论时所指出的那样，可以将它作为参照，但永远不能通过阐明一些隐晦部分来重铸或替换掉它。

人们普遍认为由弗洛伊德第一拓扑学到结构理论的转变，涉及了一种方向上的根本性改变。同样地，在性本能与自我本能之间的对立关系，传统上常与生死本能之对立关系相对比。然而，我自己的方法更关注在这样的观点上，即弗洛伊德成功化解了阻碍原先联想链的阻抗，并因而产生了新的联想流（associative flow）。我可以多少有点期待地说，这种阻抗与人类之必死性相关。

正是这种新的联想流促成了《一个被打的小孩》这篇论文，这是弗洛伊德所有著作中最使人兴奋、最令人不安及最困难的作品。实际上，它是一系列作品之一，这个系列开始于——假使开始这个词在这里真的适当的话——1914 年的《来自一种婴儿期神经症的历史》（*From the History of an Infantile Neurosis*）［Freud，1918（1914）］，接下来是《以肛门性欲为例论本能的转型》（*On Transformations of Instinct as Exemplified in Anal Eroticism*）（Freud, 1917a），然后是《〈诗与真〉中的童年期回忆》（*A Childhood Recollection from Dichtung und Wahrheit*）（Freud, 1917b），它们是后来写于 1919 年 1～5 月间的三篇论文的直接前身，即《一个被打的小孩》（*A Child Is Being Beaten*）、《超越快乐原则》（*Beyond the Pleasure Principle*）和《论"离奇"》（*The "Uncanny"*），构成了其丰富而具意涵的符号脉络。

虽旧犹新，这一奇怪的概念组织也由婴儿期记忆、婴儿性理论、原初场景、俄狄浦斯情结、阉割情结、阳具及快乐——在这里，快乐呈现其最黑暗的一面——这一长串的内容编织而成。

弗洛伊德在《文明及其不满》（*Civilization and Its Discontents*）文中引述"人对人是狼"（homo homini lupus）这一警句，它可以联系到一个被放逐的流浪者的梦，梦中有一扇窗突然被打开了，出现一群静止不动的狼，从一棵树旁注视着做梦者（虽然弗洛伊德指的是六只或七只狼，但事实上在"狼人"的画中只有五只）。弗洛伊德从一开始就关注婴儿期好奇心及其与性的关联的观点。这一特别的系列探索，可以说由《性学三论》（*Three Essays on the Theory of Sexuality*）（Freud, 1905a）开始，以及接下来是《小孩的性理论》（*On the Sexual Theories of Children*）（Freud, 1908）、《小汉斯的个案历史》（*the Case History of Little Hans*）（Freud, 1909a）、《达·芬奇和他的童年记忆》（*Leonardo da Vinci and a Memory of His Childhood*）（Freud, 1910a）、《爱情心理学贡献》（*Contributions to the Psychology of Love*）（Ⅰ与Ⅱ）（Freud, 1910b & 1912）、《对一个偏执狂（痴呆妄想）个案的自传描述之精神分析注释》［*Psycho-analytic Notes on an Autobiographical Account of a Case of Paranoia（Dementia Paranoides）*］［Freud, 1911（1910）］、《图腾与禁忌》（*Totem and Taboo*）（Freud, 1912-1913）到《论自恋：一篇导论》（*On Narcissism：An Introduction*）（Freud, 1914）等著作。所有这些作品都以一种或另一种方式处理了有关好奇心、知识及性欲的问题；弗洛伊德按照自己的方式逐步探索，将《来自一种婴儿期神经症的历史》（*From the History of an Infantile Neurosis*）

［1918（1914）］中的原初场景变得越来越清晰。

虽然俄狄浦斯情结的概念从一开始就出现在弗洛伊德的著作中，但在刚刚提到的论文中，它总是与一个相同的问题相关："假如只有一种力比多，那么是什么区分了男性与女性呢？"这个问题不可避免地会与小汉斯（Little Hans）关于婴儿从何而来的疑问有关，或者是与由俄狄浦斯重新阐述的"我是谁？"有关。要回答这个问题，只能求助于历史。因此，需要把它带回到过去的时间及地点，表明必定有一个开始或起源，从而将问题转变为"我来自何处？"。

弗洛伊德也沉溺于猜测之中，将同样的问题放在一个更大的脉络即种族中，比如在《图腾与禁忌》中他想知道人从何处来，他的推论不经意地闪耀着智慧的光芒，超越了关于其基础及论证的可靠性的争论点，因为与史瑞伯（Schreber）有关创造世界的妄想性猜测一起，为他提供了"自恋"这个新概念的基础。

那么，在认同的层面上，我们现在有了好奇心、俄狄浦斯情结、性欲性别（sexual gender）及自恋的结合。假如好奇心是从一种自恋的位置而来的话，"我是谁？"这一问题的答案是"全世界"。然而在俄狄浦斯式好奇心的情况下，答案会复杂很多。答案是"我并不确定地知道"：相关的知识是不足及不完整的，不但完全无法满足好奇心，反而刺激了它。这个答案被转型为类似于："世界存在，我也存在；因此为了了解我自己，我必须去了解世界。"

对自己的知识与对世界的知识相结合，是构成俄狄浦斯神话的基本结构组件之一：从一座城市通往另一座城市的道路、决定命运的十字路口，以及城市间来来往往的人们，全部都跟追寻身份认同紧密相连，并代表着希腊神话中斯芬克斯（the Sphinx）提出谜语时的背景场景。

自我与世界之间的连结，某个程度上已经被小汉斯（Little Hans）所暗示，他从窗户往外看去，能够看到火车在铁轨道上来来回回地移动，马儿在街上到处快步乱走，原因皆是由于他拒绝离开自己的家。同样地，鼠人通过他对奥匈军队在边界警戒区的作战行动的详细叙述，以及为了顺利将特殊信件送达收件者手上而必须采取的递送路线，都体现出了此种关系。现在，随着狼人的流放——代表一个人从出生之地及所走过的路离开——一扇新的窗户打开了，揭示了原初场景。

好奇心是决定性的，因为它向主体提示了生命的短暂性。狼人的受孕时间，下午 5 点钟，是由五只在树枝里静止不动的狼来象征的，这是一个十分精巧的比喻，表示包含在一个家族系谱之内。狼人看见的是一棵家族系谱树，起源于他出现的很久之前并延续于他之后，而他是链条中的一环。静止不动的狼可能是他必死命运的意象。主体的自恋受到了强烈的打击，因为他被突然从中心位置移开：他的由俄狄浦斯建构的好奇心，使他朝原始客体跨出了根本的一步。当他不再是父母的创造者时，他了解到是他的父母，一个男人与一个女人，走到一起创造了他。他的世界自此变得不同了。的确，变得更宽广而无限，而会终结的、有限的是人类的生命。这是生命晦暗的一面，它超越快乐原则之外，是离奇（the uncanny）。

"（我的诞生）发生于 1749 年 8 月 28 日，在 12 点钟声敲响的时候"，歌德六十岁的时候以这样的开始来叙述他的一生。弗洛伊德在《〈诗与真〉中的童年期回忆》（Freud，1917b）中告诉我们，他对歌德的一段童年回忆的诠释，是受了他的一位病人的临床材料的启发。这段回忆是把家里的所有餐用器皿都扔出窗外。在他的诠释建构中，弗洛伊德重新安排了歌德自传中的先后顺序："我是一个幸运的孩子，命运保留了我的生命，尽管我进入这个世界，就像死了一样。更有甚者，命运夺走了我的兄弟，这样我就不必与他一起分享我母亲的爱了。"

这句话 "在 12 点钟声敲响的时候" 唤起了另一个时钟的回声，告诉狼人（Wolf Man），下午 5 点了。同样地，我们也会注意到窗户对小汉斯（Little Hans）而言是一个特别重要的象征，正如在俄国青年的梦中，以及对歌德来说也是如此。汉斯透过窗户观察世界，俄国贵族透过窗户揭开掩藏自我局限的面纱；透过窗户，年少的歌德摆脱了对兄弟诞生的愤怒和嫉妒——这个主题同样也出现在小汉斯（Little Hans）和狼人的身上。

对时间的标示及打开窗的举动，都是弗洛伊德文章中的内容之一，它表示对联想的最大阻抗，但是当克服了阻抗之后，这些联想又会再度返回。

因此，好奇、诞生、俄狄浦斯的竞争、占有、嫉妒这些主题，在弗洛伊德的作品中越来越突出，一直到 1919 年，他终于能够克服此种阻抗。在接着出现的三部作品中，他则强调了性的阴暗面：倒错与死亡。

这些主题之前都仅仅通过它们的相反面来探讨——倒错被认为是负性的神经症——因此形成了一种对自由联想的阻抗，但从现在开始它们被正面对待了，这些迄今为止还是负性的意象，可以说是被逐渐地揭开了面纱。弗洛伊德于是回到谈论梦的主题，现在梦不只是作为幻想的愿望实现，也会就其创伤的虚拟性及创伤的修通这些方面来看。我们是"超越快乐原则"（beyond the pleasure principle）的。死亡已走出暗处，站在舞台的前方。精神的世界变大了，不再是海姆利希式（heimlich）的，而是变得非海姆利希式（unheimlich）——以及不同了。从现在起，性将会根据这一区别来处理。

《一个被打的小孩》（*A Child Is Being Beaten*）论文的副标题为《一篇关于性倒错起源的研究论文》（*A Contribution to the Study of the Origin of Sexual Perversions*）（Freud, 1919a），这里弗洛伊德向我们显示，所涉及的不再是孩童的多形态倒错，而是一个当下正在执行的行为，就如动词的时态（"正在"）（"is being"）会知我们的；它是一个倒错行为的再现或重复。但小孩是谁呢？标题并没有告诉我们。

到目前为止，我们已经有了一些具体专指某个主体的名称或昵称，像朵拉（Dora）、汉斯（Hans）、列奥纳多（Leonardo）、史瑞伯（Schreber）、鼠人（Rat Man）、狼人（Wolf Man）。《一个被打的小孩》，却引入了一个未命名的对象，他只有当与一个遭受过（或执行过）的行动相关时才存在。虽然第一拓扑理论（the first topography）是建立在一个具体的主体身上，即弗洛伊德自己通过分析自己的梦，或者正如在《日常生活的精神病理学》（*The Psychopathology of Everyday Life*）（Freud, 1901）书中第一章所提到的通过重新忆起西尼奥雷利（Signorelli）这个被遗忘的名字，新次序——结构理论——却是建立在一个非具体的主体上。所以其中一个为另一个的对应物，即它的反面或镜像。《一位女同性恋个案的心理起源》（*The Psychogenesis of a Case of Homosexuality in a Woman*）（Freud, 1920a）无疑是朵拉的对应物。俄狄浦斯期的焦点从男性转移到了女性这块"黑暗大陆"上，只能表明关于性欲及认同的理论，现在是通过女人而不是男人进行探索。

这种关于性欲以及身份认同的新观点，引领了新的联想链，由阉割议题开始，强调俄狄浦斯情结男女之间差异的复杂性，并暗示了自我概念的建构。虽然最初是在意识上的认同，但是自我（ego）凭借与无意识的融合，将具有黑暗而模糊的一面。此外，随着俄狄浦斯情结的化解，自我被分裂成两部分，较新的那部分为超我。一旦自我的这两个部分被识别出，就渐渐有可能去区分神经症、精神病和倒错的机制。这条从 1919 年到 1937 年的新的联想链，不时在有关受虐癖、恋物癖、女性特质及自我分裂的著作中得到强调。

在《一个被打的小孩》中，弗洛伊德清楚言明了他的主要目的是解释一般性倒错以及（尤其是）受虐狂的起源，同时评估性别差异在神经症动力上所起的作用；在《神经症的实际核心》（*The Actual Nucleus of Neuroses*）中，他再次阐明他的调查是基于结构化的俄狄浦斯情结。他接着说，"挨打幻想"及类似的倒错固着都是俄狄浦斯情结的沉淀物，也可以说是伤疤，在过程结束后被遗留下来，正如臭名昭著的"自卑感"对应着一个类似的伤疤一样。

去看弗洛伊德如何将他的研究，诸如俄狄浦斯情结、自恋的伤疤、幻想、倒错行为及性别之间的差异等观点连接起来是相当有趣的。我将把我对弗洛伊德文本的分析基于这个组合之上，因为它汇集了原初场景的各个组成部分，在这个场景中，主体好奇地看待自己的起源——在我看来，这是倒错结构中的一个节点（a nodal point）。

弗洛伊德写道："只有当分析工作能够成功地消除失忆症，不再隐藏成年人在童年时期最开始的记忆，它才值得被承认是真正的精神分析""任何忽略童年分析的人都必然会招致无可挽回的错误"。稍早，他提到"目前的知识水平只能让我们走到这里，无法进一步理解'挨打幻想'"。在这位分析医师的心中，的确他仍然有一种不安，怀疑这并不是问题的最终答案。他不得不承认，在很大程度上这些幻想与神经症的其余部分不同，无法在其结构中找到适当的位置。但就我个人经验而言，这类印象总是太轻易地被搁置在一边。

仔细阅读这段文章，可以很清楚地看出，弗洛伊德指的是每个人在成长的每一个时刻、在对知识的追寻及抗拒之间的不断奋斗，不仅是他在此战场上探索"一个被打的小孩"的幻想，而且这个战场本身实际上就是幻想结构的基础。他写道："这幻想只能在犹豫中被承认"，而他的病人说："关于它，我不知道更多的了。"

根据弗洛伊德的说法，分析者是带着羞耻感与内疚感，用犹豫的言辞承认这种幻想的——对一些在性生活初期有着相关记忆的个体而言，这些羞耻感与内疚感会更强烈。

那么，这是个什么样的实体（entity），以让分析师惊讶的频率在分析者身上引发这样的情感及沉默，并且要追溯到"必定早于学龄，且不晚于五六岁"，或者用另一种方式来问，这个处于性生活范围之外的实体是什么？

弗洛伊德的答案是，此幻想之谜是在学校经由教导和给年轻人的书本中被重新建构的，例如《汤姆叔叔的小屋》及《苏菲的不幸》（*Les Malheurs de Sophie*）。因此，幻想存在于知识的根源——如同一种存在于"其余部分之外"的构造，而且首先使得知识的建构变得可能。这是快乐需要的量，以此抵抗知识（*sophia*）引起的不幸（*malheurs*），这知识由父亲的"木屋"所提供。也可以说是一定量的无知或一定程度地拒绝知识，使拥有知识成为必需的。当弗洛伊德调查关于这个被打小孩的性别时，答案有时是"总是男孩"，有时是"只有女孩"，但更常是"我不知道"或是"那无关紧要"。

文中也暗含了另一个问题："为何必须要有一定量的快乐——特别是自慰的快感——才能获得关于差异的知识，而这种知识使享受性快感成为可能？"弗洛伊德的回答是："在所有动物中，可能只有人会（被迫）两次重新开始他的性生活，第一次就如其他所有动物一般发生在童年早期，然后经过一段长时间的中断后在青春期再次发生。"这个回答把人类的特质描绘在分离、断裂、停滞及孤独的领域之中。因此，对其历史的重塑，分析性双方的任务，是辨识出这种不连续性和这些分裂及差异问题。

弗洛伊德在最后一部分写下："除了一两个关联之外，假使我没有把讨论限制在女性部分，要对婴儿挨打幻想做清晰的调查是不可能的。"他的意思是说，即使是限制本身也有自己的限制（他已经限制了自己，除了……）。很少有人可以做到像他这样，承认自己的过失，在这里他清楚地表明那些他迄今为止一直在拒绝的差异是至关重要的。男女之间的差异不仅仅是机体解剖构造上的。其实之前他还一直主张男女的俄狄浦斯情结是完全类似的，但在这里已经向证据"鞠躬"了。对无缝互补的愿望和预期是不正确的。性渴望是一回事，而行为又是另一回事。这就是俄狄浦斯情结留下来的伤疤之一，也是小孩受到知识影响的三个打击之一：小孩必须放弃他原始的性客体，为了之后在有差异的基础上寻求他人以获得满足。

另一个打击来自于与原初场景的对质，"一个无法回避的壮观景象"发生在孩子们"沮丧地从他们想象的无所不能的天堂中被一击而下"的时候，他们发现了生殖器官。自恋的孩子一直以来都是以自己心中的形象创造了父母和世界，但现在却发现创造之谜与生殖器有关："小孩子似乎确信生殖器与（婴儿）这件事情有关，即使在他们一直以来的思索中可能在寻找着父母之间假定亲密本质的是另一种形式，例如他们睡在一起、在彼此面前排尿等。"婴儿性理论到目前为止是将排泄物视同婴儿，都是身体的一部分，然而从今以后，有另一个不同的身体观点强加在了小孩的身上。它再次想要创造，但是为了这个目的，它需要另一个人的身体。一个新的时期开始了，终结了孩子作为世界的创造者的这个时期，所以有两个时期，即现在（拥有潜力的时期）与过去（全能的时期）。

第三个对婴儿自恋的打击是自然地跟随在其他两个打击之后：假使小孩不再是全能的，需要另一个不同于自己的某人一起去创造出一个婴儿，自然会遭遇到自己受孕的概念。因此，它知道自己是父母所创造出的，这伴随着一种激进的想法，就是它隶属于一个家族谱系的暂时性（a genealogical temporality）中，因为在它还未存在的那段时间里，其父母就已经存在其中了。这就使小孩处于与自身局限性的新关系中。既然两代人之间存有许多差异，小孩不只发现了几代人的接替，暗示着它和父母属于不同世代，而且，尤其是，它也不得不去面对个体死亡的必然性。它所能做的只是等待轮到它的时刻，即生育子女及其死亡（黑暗的一面）。除非……

除非——而这也是为何自慰的挨打幻想如此常被观察到的缘故——小孩

拒绝了解这些认知，至少是部分拒绝了解；除非时间不会流逝……弗洛伊德敏锐的耳朵注意到这幻想是由现在进行式构成："正在"（is being）是欲望的时态、无意识的时态、过去和未来的不存在。

"让人惊讶的频率"代表现在进行时态，幻想的时态对立于知识的时态，而知识是深嵌在一个家族谱系的暂时性中的。幻想的自慰特质是由对谱系的拒绝或全能地击败谱系而引起的。这依然是另一个幻想。当然，如弗洛伊德所说，这就是为何神经症"让自慰成为他们内疚感的核心"。

在完成《一个被打的小孩》 6 年之后，弗洛伊德在《由性别的解剖构造上的差异所产生的一些心理后果》（*Some Psychical Consequences of the Anatomical Distinction Between the Sexes*）（Freud，1925：254）文中，再次讨论到挨打幻想的问题：

当我还不知道嫉妒（阳具嫉美）的来源，并且思考这个经常发生在女孩身上的"一个被打的小孩"的幻想时，我建构了第一个阶段，代表的意义是另外一个被主体嫉妒的小孩，即其竞争者将要被打。这个幻想似乎是女孩阳具阶段（phallic period）的遗迹。在"一个被打的小孩"这个单调的公式中，令我如此印象深刻的独特僵化感，或许可以通过特别的方式来解释。即这个挨打的（或者被拥抱的）小孩可能最终不多不少指的就是阴蒂本身，因此这一声明在最低水平上包含一个自慰的忏悔，它一直附着在公式的内容中，从阳具阶段（phallic phase）开始一直到以后的生活。

因此，"一个被打的小孩"幻想指向阳具阶段的自慰，结合了俄狄浦斯情结、阉割情结、原初场景、性别差异以及阳具。这一背景为自慰活动和真正的性活动之间提供了一个清晰的分水岭。这也是为何这幻想只能带着犹豫被承认，而且比起描述主体性生活的开始有着更多的焦虑：它首先是一种承认对俄狄浦斯法则的拒绝，至少在某种程度上，只要这法则将个体置于物种和家族谱系的链条之内。主体实际上是在承认："我处于法则之外"，然而，能够如此说，首先必须要对法则有所认知。

但这个法则是什么呢？弗洛伊德的答案是阉割情结［《俄狄浦斯情结的瓦解》（*The Dissolution of the Oedipus Complex*）（Freud，1924b）；《由性别的解剖构造上的差异所产生的一些心理后果》（Freud， 1925）；《恋物癖》（*Fetishism*）（Freud，1927）； 《女性的性欲》（*Female Sexuality*）（Freud，1931）］；这法则就是父亲禁止小孩占有母亲为性对象，以及禁止占有客体的一般禁令。法则允许将客体作为性对象享受，而不是占有。它将自我与其客体放在性欲及性差异的人类辩证中。因此，存在一个我和一个不同于这个我的他者。而关系到权利之处，必须有一个对话：个体及其客体两者皆有权利。原则上，没有任何人的话语比其他人的话语更占优势，因为所有人都屈从于同一法则。

相较之下，自慰的领域，假定的不仅只是拥有客体，而且自我创造出了客体。对客体的性享受和对它的占有是混淆的，正如客体依然与自我相混淆一样，在自我与客体之间、我与外在世界之间、我与他人之间、父母亲之间都没有清晰的界限。这所有的成分未来将会结合在一起，形成俄狄浦斯情结，虽然这里已经以某些形式出现，但它们被各式各样的投射所打散和染色，而仍然原始的自我实际延伸部分主要是全能、自恋、自我生成及世界的创造者。这是婴儿性理论发育的繁殖地，为生殖器性欲的经验及知识铺路，因为它将个体置于一个家族谱系链里。当然，生殖力是为种族繁衍服务的，大于个体的满足。这必定是个"超越快乐原则"的区域，显示出性只有与死亡、虚幻无常放在同一语境中才有意义。

从前生殖器期到生殖器期的过渡，通过重新建构弗洛伊德所称的原初场景的不同成分来进行，原初场景将小孩排除在生殖行为之外，打击了他的自恋及其自我生成幻想及创造世界幻想的基础，将其置于差异、不完整、缺失和缺陷的辩证当中。

尽管内在情感及种种的幻想，通过父母性行为的影像，携带着对原初场景概念的理解（即受孕），在它的反面也暗含了终局、结束的概念，但这是一个没有影像的概念，因为不可能有死亡的心理影像。

结果，阴茎作为一个在性行为中最常见、也是最常消失的实体，以及作为最显而易见的象征差异性的实体，承受了过多的情感投注。可以说，它变成了场景影像本身，是镁光灯聚焦下闪闪发亮的客体，包含了每一个概念的客体。它变成了阳具，象征生命同时也是死亡的能指。它本质上的生死二元性意味着它一直是处于威胁状态下的。因此就有了阉割焦虑，它是阳具本质中所固有的。它是光泽（*Glanz*），同时也是弗洛伊德在《恋物癖》（Freud，1927）中提到的"一瞥"（glance）。

弗洛伊德告诉我们（Freud，1925：256），在女孩身上，阉割情结会导致俄狄浦斯情结；而在男孩那里，阉割情结却破坏了它。但是，在我看来，原初场景为男女都引入了阉割问题。当女孩发现她及母亲都不拥有阴茎时，她开始热切地渴求一个：她想要一个儿子，因此需要另一个拥有阳具的身体。而当男孩发现他像父亲一样拥有一个阴茎时，会产生一个强烈的愿望，即想要去使用它。同时暗含在这两种态度中的是父亲的话语，传达着第一个教训，第一个关于肉身的知识（carnal knowledge），即真实的情形是个体终将一死，种族延续下去。要遵从这个法则，男孩，作为阴茎的拥有者，必须主动地使用它。而没有它的女孩，必须主动地渴望它，这样她才能通过一个儿子来重新获得它，从而也能遵守此法则。在两种情况下，都假定了一种与母亲的脱离，不再把她作为性客体和前生殖器期性欲的化身。

换句话说，在两性差异的基础上，原初场景集合为差异的象征性辩证做好了准备：在幻想及知识之间、在全能及创造潜力之间、在愉悦客体及性客体之间、在我及他人之间、在有生命及无生命之间、在生死之间——最终，也就是人类的辩证。

倒错结构反抗的正是此种辩证性。倒错者并非没有意识到此法则，但是反抗它或拒绝承认它（通过否定）。性倒错者认可的法则是他自己欲望的法则。

然而，一旦看到，即使只是"一瞥"，原始场景就会留下印记，对倒错者来说，除了分裂他的意识外别无选择，正如弗洛伊德在《恋物癖》（Freud，1927）及《在防御过程中的自我分裂》（*Splitting of the Ego in the Process of Defence*）[Freud，1940b（1938）]中所证明的。这个印记会体现在他的性欲中。倒错者不是真的不知道性别的差异；相反，他们体验到的差异是很极端的一种，不像在精神病结构中所观察到的主要是结合体（combined figure）。在他对死亡的根本性拒绝中，性倒错者是独一无二的。他穷尽一生都在强迫性地设法从拒绝服从最初法则中得到快乐，这种父亲的法则把自己置于家谱链中，涉及了人之必死性。因此，性倒错者进一步加剧了性别的极端差异。

同性恋的倒错结构承认性差异，目的是为了分离而不是结合；此处的否认基本上是关于物种的生殖和繁衍的，同性恋在这一方面战胜了法则❶。

恋物癖者将他的性快感屈从于对恋物客体的拥有，那向他确保了阳具的真实存在，从而使他成为了生与死的掌控者。

在施虐癖与受虐癖中，因为必然有死亡，伴侣及主体的人性都被视为获得快乐的束缚——也就是说，通过将性愉悦感限制在距离一英寸就能夺走客体和主体自己生命的范围内，那么双方就都能在幻想中胜过死亡了。通常伴随施虐者行为的皮革、钢铁、鞭子等兵械，是第一法则的具体象征，在这一法则中，他作为鞭子的拥有者而获胜，也使他人服从。这点在施受虐癖配对中最为明显，因为有最具体的自我分裂的形象。

其他倒错行为配对，像是偷窥癖和暴露癖，不断重复原初场景，但是是主动的，就好像在表演一出剧一样，而此情况下的胜利在于相信主体是整个行动的策动者。

最后是恋尸癖，战胜死亡的最激进的形象，也是对法则所设定的限制最明显的拒绝。

所有这些都是自慰领域的极端表现，都由挨打幻想所暗示。挨打幻想是自慰式的，因为它拒绝性欲，也就是拒绝让个体加入和纳入一个家族谱系中、表达其不完整和短暂性。挨打幻想是自慰式的，同时也因为它拒绝把他人当作只享受而永远不占有的性伴侣，相反，它把他人变成了占有的客体，变成了主体自己的一部分。

这也就是为什么向一个咨询师——也就是另一个人承认这一点是非常困难的。

当然，我的目的并不是想要讨论《一个被打的小孩》这样复杂脉络下所

❶ 然而，我并不相信所有的同性恋者都是倒错的。

有可能的诠释，更不用说对为它而写的文献进行评论了。专注于文本本身，可能更符合这个专题系列的目的。

再次，我相信没有一部弗洛伊德的著作本身是完整的：每一个作品需放在全部作品的整体脉络中阅读，因为每一个作品都只不过是这位人类最伟大的思想家之一，在其联想链的漫长航行中的一次停泊。因此，我相信最好的呈现方法是将我自己融入与弗洛伊德文本的对话中，而不是对其所提出的各类问题找到答案或最终解决方式。

另外，精神分析与传统科学的线性发展特性不同：它的发展更像一种家族谱系，其中每一个进展不比它的前身更好或更正确，但是是一个能够对其所继承的东西提出不一样观点的继承者。

因此，我想要提一些纳入我们文献中的一些过去及当代的学者，因为他们提供了新视角来看待由《一个被打的小孩》中提出的一些问题，或者从这些问题中衍生出了新的想法，尤其是有关自我、俄狄浦斯情结，以及思想、幻想、精神病及倒错行为的起源的。早期的学者包括克莱茵、霍尼（Horney）、拜昂（Bion）、温尼科特（Winnicott）、科胡特（Kohut）、奥莱格（Aulagnier）等；后来的则有查舍古特·斯密盖尔（Chasseguet-Smirgel）、麦克杜格尔（McDougall）、格林（Green）、科恩伯格（Kernberg）等。我的阅读很大程度上受到我对他们的理论贡献认同与否的影响。

我在这里的观点主要是为了强调，我所认为的倒错结构的根源，是当人类发现同时造就自身伟大之处和限制之处的是情欲和必死的身体时，由此接受或拒绝这个知识的困难及痛苦。

这个知识的问题及其局限性，对每一个临床精神分析师来说都是一个不断的挑战。我们处于接近 20 世纪末的今天，不幸的是，我们不难观察到渗透在我们文化中倒错的逻辑及美学：正如在每个广告海报、电影、电视节目里所看到的，人类的形象正在变得越来越失去人性。男女模特、男女演员，这些展现在我们眼前的理想形象，实际上都缺少人的特质及生命的痕迹。他们像人或是"新人类"、复制品，一张道林·格雷（Dorian Gray）照片的颠倒，却被我们自己、我们的小孩和我们的病人奉为榜样。

而我们精神分析师面对这些新形式的殴打，又可以做些什么呢？

参考文献

André, S. 1994. *O que quer uma mulher?* São Paulo: Jorge Zahar.

Anzieu, D. 1959. *Freud's self-analysis*, trans. P. Graham. London: Hogarth, 1986.

Aulagnier, P. 1990. Observaçoes sôbre a feminidade e suas transformaçoes. In *O desejo e a perversão*, 67–96. Campinas, Brazil: Papirus.

Chasseguet-Smirgel, J. 1976. Freud and female sexuality: The consideration of some blind spots in the dark continent. *Int. J. Psycho-Anal.* 57(3):275–86.

———. 1984. *Creativity and perversion.* New York: Norton.

Dadoun, R. 1982. *Freud.* Lisbon: Publicaçoes D. Quixote.

Freud, S. 1901. *The psychopathology of everyday life. S.E.* 6.

———. 1905a. *Three essays on the theory of sexuality. S.E.* 7.

———. 1905b [1901]. Fragment of an analysis of a case of hysteria. *S.E.* 7.

———. 1908. On the sexual theories of children. *S.E.* 9.

———. 1909a. Analysis of a phobia in a five-year-old boy. *S.E.* 10.

———. 1909b. Notes upon a case of obsessional neurosis. *S.E.* 10.

———. 1910a. Leonardo da Vinci and a memory of his childhood. *S.E.* 9.

———. 1910b. A special type of object choice made by men. Contributions to the psychology of love I. *S.E.* 11.

———. 1911 [1910]. Psycho-analytic notes on an autobiographical account of a case of paranoia (dementia paranoides). *S.E.* 12.

———. 1912. On the universal tendency to debasement in the sphere of love. Contributions to the psychology of love II. *S.E.* 11.

———. 1912–13. *Totem and taboo. S.E.* 13.

———. 1914. On narcissism: An introduction. *S.E.* 14.

———. 1917a. On transformations of instinct as exemplified in anal erotism. *S.E.* 17.

———. 1917b. A childhood recollection from *Dichtung und Wahrheit. S.E.* 17.

———. 1918 [1914]. From the history of an infantile neurosis. *S.E.* 17.

———. 1919a. A child is being beaten. *S.E.* 17.

———. 1919b. The "uncanny." *S.E.* 17.

———. 1920a. The psychogenesis of a case of homosexuality in a woman. *S.E.* 18.

———. 1920b. *Beyond the pleasure principle. S.E.* 18.

———. 1923a. *The ego and the id. S.E.* 19.

———. 1923b. The infantile genital organization. *S.E.* 19.

———. 1924a. The economic problem of masochism. *S.E.* 19.

———. 1924b. The dissolution of the Oedipus complex. *S.E.* 19.

———. 1925. Some psychical consequences of the anatomical distinction between the sexes. *S.E.* 19.

———. 1927. Fetishism. *S.E.* 21.

———. 1930. Civilization and its discontents. *S.E.* 21.

———. 1931. Female sexuality. *S.E.* 21.

———. 1940a [1938]. *An outline of psycho-analysis. S.E.* 23.

———. 1940b [1938]. Splitting of the ego in the process of defence. *S.E.* 23.

Gay, P. 1989. *Freud: A life for our time.* New York: Norton.

Giovannetti, M. de F. 1994. A voz do ausente. *Jornal de psicanálise* 27(52):21–27.

Horney, K. 1968. El temor a la mujer. In Klein, M., Horney, K., Boehm, F., Ferenczi, S., Fenichel, O., Alexander, F. *La sexualidad en el hombre contemporáneo,* 116–37. Buenos Aires: Paidos.

———. 1978. La peur de la femme. In *Le complexe de castration: Un fantasme originaire,* B. Grunberger and J. Chasseguet-Smirgel, 219–36. Malesherbes: Tehou (Les Grandes Découvertes de la Psychanalyse).

Jones, E. 1953–1957. *Sigmund Freud: Life and work.* 3 vols. London: Hogarth.

Kernberg, O. F. 1991a. A contemporary reading of "On narcissism." In *Freud's "On narcissism: An introduction,"* ed. Joseph Sandler, 131–48. New Haven, Conn.: Yale University Press.

———. 1991b. Sadomasochism, sexual excitement and perversion. *J. Am. Psychoanal. Assn.* 39(2):333–62.

Kohut, H. 1984. A reexamination of castration anxiety. In *How does analysis cure?* ed. H. Kohut and A. Goldberg, 13–33. Chicago: University of Chicago Press.

———. 1991. The analysis of the self: A systematic approach to the psychoanalytic treatment of narcissistic personality disorders. New York: International Universities Press, 1982.

Lacan, J. 1964. A relação de objeto. *O seminário,* IV. Rio de Janeiro: Zahar, 1995.

Meltzer, D. 1978. *The Kleinian Development.* Perthshire: Clunie.

Sandler, J., and Sandler, A.-M. 1987. Past unconscious, present unconscious, and vicissitudes of guilt. *Int. J. Psycho-Anal.* 68:331–42.

Winnicott, D. W. 1985. *The maturational processes and the facilitating environment: Studies in the theory of emotional development.* London: Hogarth.

从现代精神分析视角解读《一个被打的小孩》
——与候选人的研讨会

琼·M. 奎诺多兹❶（Jean-Michel Quinodoz）

前提附注

在埃塞尔·珀森（Ethel Person）的邀请信中，她不仅强调了这篇专题的投稿者要表达出"他们自己的看法"兼具"教导性"，"就如同他在讲授一场研讨会一样"；同时也要求投稿者讨论原文中重要的地方，而不给出文献的详细内容。这刚好符合几年来我指导研讨会的精神，使研究生能够依时间的顺序研读弗洛伊德的作品。因此，我起草了我的文稿，就好像它是一场由日内瓦雷蒙德·索热尔精神分析中心（the Centre de Psychanalyse Raymond de Saussure）的会员参加的针对《一个被打的小孩》的专题研讨会。

通常我的每一个研讨会分成三个阶段：呈现阶段、讨论阶段，以及专门讨论当代临床研究的阶段。在我们实际的（而不是虚拟的）研讨会中，每一个参加者在结束时会收到一份自己的记录，内有每位参加者准备的原文的副本，每篇文章最多不超过一页，以及还有整个研讨会最后的简短摘要。

呈现阶段

研讨会的成员被要求从不同的观点来研究和呈现文本。一位将以传记叙述方式介绍，另一位将内容以摘要形式讲述，第三位会强调其中出现的新的精神分析概念。在《一个被打的小孩》的讨论会上，我也依循此程序。

---

❶ 琼·M. 奎诺多兹（Jean-Michel Quinodoz）为瑞士精神分析学会的训练及督导分析师，以及日内瓦大学精神科的顾问。

弗洛伊德写《一个被打的小孩》时处于他人生的什么阶段及什么背景？

1919 年，当弗洛伊德写这篇文章时，刚刚走出第一次世界大战的"黑暗岁月"。那时的他虽然仍然缺少病人、经济困窘，并为两个被征召服役的儿子担心，但他已经重获了创造力，在写给费伦奇（Ferenczi）的信中，他说自己获得了"一些关于受虐癖非常好的想法"。

同样重要的是要考虑到，他的"一个被打的小孩"是在他对自己女儿安娜进行分析的背景下。安娜本人遭受挨打幻想之苦，这也是促使她开始分析的症状之一，她在 1918—1922 年间接受自己父亲的分析，这在当时并不罕见。根据传记作家的记录，安娜这个个案毫无疑问应该是弗洛伊德这篇文章里提到的个案之一（Young-Bruehl，1988：104）。

在 1922 年分析的最后，安娜·弗洛伊德向维也纳精神分析学会（Vienna Psycho-Analytical Society）呈交了一篇临床论文，作为申请入会要求的一部分。该论文中描述了一位 15 岁女孩的挨打幻想，之后以《挨打幻想与白日梦的关系》（*The Relation of Beating-Phantasies to a Day-dream*）（Anna Freud，1923）为题发表。根据安娜的说法，挨打幻想的发展分为三阶段：第一阶段挨打幻想的发生，伴随着自慰的快感，作为一种对父女间乱伦爱的代替物；第二阶段，女孩向自己讲述这些"美好的故事"来取代挨打幻想；最后是"疗愈"阶段，它是一种升华——例如写作——取代了幻想和白日梦。我个人认为这篇论文只处于描述水平，而且相当肤浅，但这是说得通的，考虑到安娜在 1922 年还没有对病人进行精神分析治疗的经验，而她很有可能是在描述她自己的情形。但是安娜的挨打幻想并未结束。事实上，安娜在 1924 年因这些幻想的再次发展，促使她第二次接受父亲对她的分析。她在 1924 年 5 月 5 日写给卢·安德烈亚斯·萨洛米（Lou Andreas-Salomé）的信里说："继续的原因是……偶尔的、不适时的白日梦的侵入，加上对这挨打幻想以及其导致的我无法不做的后果（即自慰）的越来越难以忍受——有时身体和精神上皆有"（引自 Young-Bruehl，1988：122）。

问题：弗洛伊德分析自己的女儿这一事实，是否有可能对他的想法产生影响，特别是影响他对女性特质的看法？

不可否认，弗洛伊德分析安娜的经历深刻影响了他对女性性欲的看法。因此，扬·布鲁尔（Young-Bruehl, 1988：25）指出，正如安娜的第一次分析与弗洛伊德出版《一个被打的小孩》密切相关，她的第二次分析似乎与《由性别的解剖构造上的差异所产生的一些心理后果》（Freud, 1925b）中的内容有关，纵然没有文字证据支持后一种主张。在 1925 年的原文中，弗洛伊德将阴茎嫉羡（penis envy）作为女孩发展的中心要素，并指出假如女孩放弃阴茎通常会导致她想要一个小孩，当她后来不得不放弃父亲时，结果可能是"认同他，以及女孩可能因此回到她男性特质的情结，并或许持续固着于此"（Freud, 1925b：256）。这个回到认同父亲的观点，与弗洛伊德在《一个被打的小孩》中的结论，以及安娜·弗洛伊德的《挨打幻想与白日梦的关系》之间都存在着明显的连结。修复的父亲认同似乎也可以连结到安娜自己强烈的男性认同、禁欲主义、放弃作为女性的主动性生活，以及与男性关系的困难上。

根据佩几和福尔·佩几（Pragier & Faure-Pragier, 1933）的观点，通过重新引入真正的、解剖学上的阴茎，并使阴茎嫉羡成为女性力比多发展的主要因素，弗洛伊德是在为自己辩护，反对在对其女儿的两次分析中未解决的俄狄浦斯情结，从而否认作为一位父亲的内疚感［同时在《否认》（Negation）（Freud, 1925a）的文章中将否认的概念纳入了他的理论］。但这并不能解释所有的事情。

我个人认为，安娜的分析无疑强化了弗洛伊德对女性性欲的独特设想，对他来说，更像是一个前生殖器期婴儿性欲问题，而不是生殖器期成熟的性欲问题；或许当弗洛伊德将分析安娜的经验与他从其他女性分析对象那里获得的资料相关联时，也引导他开始探索一个女儿对于母亲早熟的依恋问题，正如我们将会看到的。

表 2-2

女孩的各个时期	男孩的各个时期
1. 意识："一个小孩正在被打"的白日梦	1. 没有等价物
—不确定的，不具性特质	
2. 无意识："我正被我的父亲殴打"	2. 无意识："我正被我的父亲殴打"
—无意识的受虐幻想	—无意识的受虐幻想
—严格说是直接俄狄浦斯情结——"正常的俄狄浦斯态度"	—严格说是反向俄狄浦斯情结——男孩的"女性化态度"

女孩的各个时期	男孩的各个时期
3. 意识："一个小孩正被父亲的代替者（老师）殴打" ——自慰——"女孩变成受虐的性场景中的观察者，在她的幻想里那时她变为一个男孩" ——放弃她的性别	3. 意识："我正被我的母亲殴打（或是她的代替者）" ——自慰 ——受虐的性关系 ——消极的幻想——男孩的"女性化态度" ——性别不变（表面上）

依据弗洛伊德，有关挨打幻想各个阶段之摘要

我设计表 2-2 用来陈列弗洛伊德所描述的男女孩挨打幻想的各个时期，以他研究的六个个案为基础，其中四位女性、两位男性。此表的唯一目的是作为讨论的基础。弗洛伊德曾煞费苦心地说，这篇文章所提出的解释还远远不够详尽。

让我们先从讨论女孩的挨打幻想开始。依照弗洛伊德的观点，有三个阶段。

（1）在第一阶段，幻想是在意识层面，以一种白日梦形式出现，并有不明关系者参与的婴儿时期的记忆："我的父亲正在打小孩。"第一阶段不具有性的特质。被打的小孩不是幻想者，通常是兄弟姐妹。在忌妒或兄弟姐妹竞争的影响下，这幻想的意识是"我的父亲正在打我所憎恨的小孩"，换句话说"我的父亲不爱这个小孩，他只爱我"。

（2）第二阶段是"我正被我的父亲殴打"，在幻想的转变中，产生幻想的人成为了这个被打的小孩，而她的父亲仍然是打人者。不像第一阶段，通常是与一个真实场景相关的记忆，第二阶段场景从来不曾真实存在过；它是一个无意识幻想，必须在分析中重建。伴随殴打而产生的愉悦感给了幻想一种受虐的特质，在此特质内，被父亲打将会同时引起俄狄浦斯内疚感和性欲；这幻想"不仅是对禁忌性的生殖器关系的处罚，而且也是这种关系的退行性替代品"（Freud，1919：189）。

（3）最后，这幻想变成了"一个小孩（通常是个男孩）正在被父亲的代替者殴打"。这里，这位产生幻想的人自己不再挨打，而变成了场景的旁观者，打人者也不再是父亲。使这一阶段不同于其他阶段之处，是强烈性兴奋的出现，导致了自慰的满足。在这最后阶段，女孩已经"放弃了她的性

别""由于她自己变成了一个男孩，她也使挨打者主要是男孩"。

现在让我们来看男孩的挨打幻想。弗洛伊德惊讶地发现男孩的挨打幻想并不平行于他所描述的女孩挨打幻想的三阶段。首先他注意到，在男孩身上没有发现女孩出现的第一阶段，至少在他的临床材料中没有。然后，他发现男孩意识上的幻想是"我正被我的母亲殴打"；而弗洛伊德原先的预期是，这个幻想是无意识的，并且等同于女孩的第二阶段幻想，即"我正被我的父亲殴打"。此外，弗洛伊德注意到在这个意识幻想之前，往往是男孩的无意识幻想"我正在被我的父亲殴打"，与女孩的无意识幻想完全相同。所以，根据弗洛伊德的理论，两性挨打幻想皆起源于对父亲的一种俄狄浦斯式依附；而他预期的平行关系并不存在。

他尝试以下列方式来解释这些未曾预料到的观察现象：假如两性的挨打幻想皆起源于俄狄浦斯情结，那么在女孩中，幻想的问题来自于一种"直接"或"正向"的情结，而在男孩那里则来自一种"反向"或"负向"的情结。弗洛伊德强调，对男孩来说，两个阶段的幻想通常都是被动的，"起源于一种对父亲的女性化态度"，尽管打人者的性别有所改变（在无意识幻想中是父亲，在意识幻想中是母亲）。另外，男孩和女孩不同，在第二和第三阶段不会经历对自己性别认定的改变。

弗洛伊德的发现使他相信，倒错，尤其是受虐癖，都起源于儿童期，并在俄狄浦斯情结中找到了它们的源头。弗洛伊德认为受虐"源自转向自身的施虐"，受到"内疚感"的影响。他把与婴儿的自慰紧密相关的内疚感，与批判的道德良知联系在一起，也就是后来被他称作超我（superego）的代理。我应该指出，在此篇文章中，弗洛伊德强调依附在快乐上的内疚感，是男孩的女性化态度背后的推动力量；之后他会证明阉割恐惧扮演了一个更为重要的角色。

在《一个被打的小孩》中出现的新精神分析概念

这里简单列出了出现在 1919 年文本中的新的精神分析概念，不带评论。

（1）在《一个被打的小孩》中，弗洛伊德认为从痛苦中得来的性快乐——受虐的特性——与对乱伦客体的情欲紧密相连。他认为俄狄浦斯情结在倒错中扮演着核心角色，就如在神经症中一样。

（2）弗洛伊德声称倒错也像神经症一样，起源于婴儿神经症。

（3）根据弗洛伊德的理论，受虐受到内疚感的影响，是施虐转向自身的结果；而不是（和他后来所说的相反）有其自身的原初起源。

（4）通过分析挨打幻想的不同层面，弗洛伊德展示了精神上的双性特质的重要性——也就是说，男性及女性的特质元素共同组成了每个个体。

问题：弗洛伊德有时似乎会用术语"幻想"来表达非常不同的概念。当他在这篇文章中谈到幻想时，真正的意思到底是什么？

在这篇文章中弗洛伊德使用幻想这个词来表达不同的意义。最初，幻想是描述意识层面想象一个被打小孩的情景，个案在清醒的状态下可再述。从这个意义来说，幻想对应着一个意识上的白日梦，正如谢弗（Schafer）和其他人所指出的那样。然而，弗洛伊德也用这词来描述无意识的幻想——也就是一些被压抑的场景，因此被置于无意识中，在那里形成了精神组织中典型的构造。不论被描述的是意识的还是无意识的，不管内容是显性的还是隐性的，都一致使用了"幻想"这个词。

问题：弗洛伊德所说的成人的挨打幻想可能是倒错的，那小孩的呢？难道不是所有小孩都有施虐及受虐的幻想，并会将之付诸行动，例如他们会殴打兄弟姐妹或朋友，或是被他们打，难道这些都不被认为是某种形式的倒错吗？

将那些施虐及受虐的幻想表达和付诸行动，打兄弟姐妹或朋友或被他们打，都是婴儿性欲的"多形态倒错"（polymorphously perverse）方面的一部分（Freud，1905），因此，我们不会把所有表达出这些幻想或将之行动化的小孩都视为倒错。

不过，施虐或受虐的幻想或行为是能够与一个小孩身上的婴儿期多形态倒错组织相区分开的。的确，小孩可能会有倒错的组织，导致他们产生典型的倒错幻想或行为。但是它们主要表现为认同上的病理性障碍，例如当一位男孩需要打扮成女孩，或是施虐的行为，而不是像成年人的心理性欲障碍（psychosexual disorder）。最严重的案例是主体将倒错付诸行动，没有能够幻想它。

问题：小时候曾有过受虐或挨打的真实经验，会影响成人生活中受虐幻想的发生吗？

当然。事实上，曾经受虐的经验常会导致退行或创伤性的固着及精神的损毁，使得后来的表述及细化的工作变得困难。另外，还必须增加与退行或潜意识固着于乱伦的俄狄浦斯客体相关的痛苦的性欲化，当施暴者是小孩亲近和特别依恋的人，其影响会更显著。但是在真实事件和幻想之间建立任何关联通常都是十分困难的。

讨论

我们将进行研讨会的第二阶段：由研讨会成员准备的问题。

问题：在《一个被打的小孩》一文中，弗洛伊德认为男孩和女孩的无意识挨打幻想之间并没有平行关系。是否有可能，为了支持他的理论，他强调了某些形态的幻想而淡化了其他的？举例来说，我有时候好奇是否他故意强调了女孩对父亲的依恋所扮演的角色（正向的俄狄浦斯情结），而低估了她对母亲早熟的依恋作用（反向的俄狄浦斯情结）。

男性及女性的评论者们迅速指出，挨打幻想有前驱幻想，尤其是那些有关女孩对母亲早熟的依恋的幻想。因此，波拿巴（Bonaparte, 1957: 77）和其他一些人注意到，在女孩的挨打幻想中，阳具母亲可以代替父亲。也可

能有观点认为，在一些挨打幻想中存在一个亦父亦母的组合客体，而不是一个清晰分化的父亲或母亲。

然而，就目前而言，让我们先停留在弗洛伊德 1919 年的理论来看男孩、女孩的心理性欲的发展（psyhcosexual development）。在此之前，弗洛伊德一直认为小孩的发展基本上是男性化的，并强调了在男孩和女孩的发展中对父亲的爱所起的作用。这就是为何对《一个被打的小孩》中的女孩来说，按照弗洛伊德的观点，正是对父亲的欲望导致了对挨打幻想的压抑。他认为，一切都发生在女孩"正常"或"直接"的俄狄浦斯情结背景下——对父亲温柔的固着及对母亲的憎恨。

依据当时弗洛伊德的想法，如果女儿将母亲当作爱的客体，而且喜欢她更胜于父亲，是因为她已经对父亲感到失望并放弃了他。在《一个被打的小孩》中，弗洛伊德从来没有考虑过其他可能性，即这是女孩的一种退行，或是一种对母亲的前俄狄浦斯期依恋；他甚至还排除了女孩对母亲的依恋有可能所起的任何作用："挨打幻想牵涉的不是女儿和她母亲的关系。"假如这一切发生了，女孩的无意识同性恋倾向被增强了，她开始投入"一种对她的过度热情"，那只可能——再次根据弗洛伊德的观点——是因为她对她父亲俄狄浦斯的爱感到了失望。在一篇他同时期写的文章《一位女同性恋个案的心理起源》（*Psychogenesis of a Case of Homosexuality in a Women*）（Freud，1920a）中，他为一个相类似的观点辩护。

问题：弗洛伊德如何发展女性特质概念？

概括地说，弗洛伊德对女性性发展的想法遵循两条主线。其中一条，尤其是从 1925 年的文章《由性别的解剖构造上的差异所产生的一些心理后果》发表时起，他对阴茎嫉羡给予了至关重要的重视。另外一条，是之后在《精神分析新论》（Freud，1933）中发展的，他越来越意识到女孩与母亲的前俄狄浦斯关系，以及女孩为了使自己转向父亲而改变客体的困难。但是，从他 1923 年在朵拉（Dora）个案的注释中，就已经可以看见他想法上的演变了，

当他在 20 年后意识到，他只解释了父亲一方的移情，并低估了朵拉对 K 夫人的"同性爱"时，他说："那是在她心理生活中最强烈的无意识流。"他补充说道："在我意识到神经症中同性恋倾向情感的重要性之前，我常会在我的个案治疗中停滞不前，或发现自己陷入完全的困惑之中。"

问题：假如考虑弗洛伊德第二阶段的无意识幻想中，男孩、女孩之间不存在平行关系，这点是可以证明的。但假如比较他们的最后阶段，是否可以认为，与弗洛伊德的观点相反，女孩的"男性化"和男孩的"女性化"之间存在着平行关系？

在挨打幻想第三阶段的基础上，男孩、女孩之间似乎出现了一种平行关系，因为在两性的情形中都有反向俄狄浦斯情结的元素。但是为了这个结论，就必须忽略弗洛伊德所提出的无意识幻想的证据，并以其他元素为立论。

我们当然可以跟随弗洛伊德的思路，认为男孩的"受虐癖的态度与女性化态度一致"，因此，男孩的受虐癖源于一个反向的俄狄浦斯情结，并对应着一个无意识的同性恋性取向。男孩无意识同性恋倾向的加强，伴随着异性恋倾向的减弱，在弗洛伊德所描述的个案中，各式各样的性困扰如自慰过度和阳痿，都有出现。

在女孩方面，弗洛伊德提到，通过改变第二到第三阶段主角的性别，并在幻想里将自己变为男孩，女孩"从生活的情欲需求中逃开"；也就是说，她已经"放弃了她的性别"。但是，如果以现代的观点来看，我们可以说女孩的受虐癖及她的男性化是来自她的反向俄狄浦斯情结——也就是来自于她持续地无意识渴望着成为母亲的丈夫及父亲的对手，这对应于无意识的同性恋。因此，是女孩的反向俄狄浦斯情结，促进了她的无意识同性恋倾向，并必然地减弱了其异性恋的倾向，而不是弗洛伊德所认为的正常俄狄浦斯情结。

还有其他两点我想要提及。当时，弗洛伊德无法想象这样一个情境：女孩认同她的父亲，或更确切地说是，认同父亲的阴茎作为部分客体，会为了拥有母亲而成为父亲的对手。事实上，正是因为弗洛伊德相信一个女儿不会和父亲为了这样的占有而竞争，他才能够认为一个父亲分析自己的女儿是正当的。另外，就男孩而言，弗洛伊德预期他会表现出对父亲的敌意和忌妒，因此他建议父亲不要分析自己的儿子。例如，他写信给韦斯（E. Weiss）："关于对你满怀希望的儿子的分析，那肯定是一件棘手的事……和自己的女儿，我非常成功。给儿子分析，则有特殊的困难和疑虑。"［1935 年 11 月 1 日的信（Weiss, 1970）］

第二点，就同性恋倾向而言，我注意到当一个女孩"爱"她的母亲时，爱的并不是生殖器母亲（genital mother），而是前生殖器母亲（pregenital mother），这个前生殖器母亲是她嫉羡并想占为己有的对象，想排除父亲——母亲的丈夫——她感到这位父亲是一个危险的对手。事实上，这样的女孩会感受到对生殖器母亲、生殖器父亲及他们所组成的夫妻的无意识敌意（Quinodoz, 1989）。

问题：当弗洛伊德讨论男性的受虐癖特质时，他谈到了男孩的"女性化态度"，我们是否可以因此假设女性的"女性化态度"——也就是说，她的女性特质——也是受虐的呢？

这个问题曾是从 20 世纪 20 年代开始的论战的核心，而且仍未完全解决。在《一个被打的小孩》中，弗洛伊德描述男孩中的"女性化态度"。在《受虐癖的经济学问题》（Freud, 1924）一文中他说起男性的"女性化受虐癖"，并联系到婴儿的受虐癖。但在后面这篇文章中，弗洛伊德特别提到受虐癖"是一种女人天性的表达"，这句话引发了误解。一些精神分析师跟随了弗洛伊德的脚步。例如，波拿巴（Bonapart, 1957：71）写道："所有受虐癖，本质上都是女性。"然而其他人，如琼斯（Jones, 1935）、克莱茵（Klein, 1932）和霍尼（Horney, 1932），则强调女性身份认同的特异性。

如拉普朗什和彭塔利斯指出的（Laplanche&Pontalis, 1988：245），即使当弗洛伊德谈到男性的"女性化态度"及"女性化受虐癖"时，是旨在描述"是什么组成了受虐的倒错本质"，但也不可否认他常常主张受虐癖是一种女性特质。

问题：弗洛伊德全方位地讨论着挨打幻想。在他不断地尝试解释时，他有没有在某种程度上失去了方向？

有时似乎如此。一方面，弗洛伊德凭借敏锐的临床感知，将他对幻想的分析带领到了最私密的地方，他的洞察力和韧性是令人赞赏的。他的长处之一就是他从发展其想法入手，且从不会自满于他的结论。但必须认识到，这些无止尽的重新建构过程确实使阅读难度增加。甚至是弗洛伊德自己似乎在最后也认输了，宣称"最后看来，我们只能说在男性与女性个体中都可发现男性及女性的本能冲动，而且两者同样可以经过压抑而进入无意识"。

另一方面，这样一个幻想的象征意义的"淹没的多重性"被形容为一种倒错机制中的特定属性。 D. 奎诺多兹（D. Quinodoz, 1992）通过观察一个精神分析病人的幻想中鞭打场景的无限多样性，强调了它的"魔鬼"特性："每当病人的某个倒错表现看起来获得了意义，并且即将消失的时候，我们总是不得不一次次地失望，因为它会再次出现且具有更强的力量，由一个新的机制所维持，一旦它被弄清楚后，另一个总是会取而代之。"她把这种像拼图玩具一样的"破成碎片"归因于倒错中典型的极度凝缩和分裂的性质。因此，诠释起来非常困难，除非分析师能掌握整体上的理解。她把这个现象比喻成 1939 年史蒂夫曼（S. A. Steeman）的《住在 21 号的凶手》（*The Murderer Lives at No.21*）故事中的主题，被克鲁佐（H. G. Clouzot）改编为电影。这故事中有一连串的犯罪发生，但是每次警察认为他们已经把行凶者关在牢里，就会有新的犯罪事件出现，这个本来被认定有罪的人就必须被释放。这样持续着，直到警察意识到他们面对的不是一个罪犯，而是一个三人的团伙，他们互相替代，所以三人都必须同时被逮捕。

根据 D. 奎诺多兹（D. Quinodoz, 1699）的说法，它和这些病人是一样的："你有可能精准地发现了一个倒错表现的特殊意义，但是除非攻击整体中的本质，否则病人不太可能战胜他的倒错。"

问题：从弗洛伊德描述的个案中可以看出，或多或少牵涉到严重的受虐倒错行为。但是从他对倒错起源的解释来看，我不太清楚他是根据何种基础具体区分了倒错和神经症的，特别是从精神结构的观点？

《一个被打的小孩》对倒错和神经症之间差异的说明远不能令人满意。举个例子，让我们来考虑一下弗洛伊德在 1919 年所描述男孩的"女性化态度"，他认为这是受虐性倒错的特质。现在，我们毫不怀疑地说，在倒错和神经症中都可以找到一个反向的俄狄浦斯情结和一个向肛欲期的退行。但在倒错中"女性化态度"暗含着一种全能感，能够同时拥有两种性别，严格来说，与精神上的双性特质相区别的话，就是所谓的双性人（ambisexuality）或"雌雄同体的自恋"（hermaphrodite narcissism）（de Saussure，1929）。当精神上的双性特质被整合时，一个人就可以认定自己的性别，因为他已经放弃了自己没有的性别，在幻想层面整合了自己男性和女性即父亲和母亲的方面。

至于在《一个被打的小孩》中提到的，有关倒错和神经症之间差异的具体问题，弗洛伊德自己公开表示并不满意自己的解释。就在同一时期，他正努力理解某些病人在分析过程中表现出的破坏性，与构成他第一个本能理论的快乐原则相矛盾。在他的第一个本能理论中，避免不快乐和获得快乐是所有精神活动的目标。在《超越快乐原则》（Freud，1920b）一文中，他提出了一个新的假说，假定人存在两种本能，一个是创造性的"生本能"，另一个是破坏性的"死本能"。它们绑在一起为生命服务；假使它们被分开，破坏性的倾向就会占据主导，这将可能把主体导向精神错乱，甚至死亡。从那时起，弗洛伊德以这个革命性的新理论为基础，将在神经症所观察到的与在倒错、精神病及抑郁状态（所谓的忧郁状态）所观察到的现象区分开。我并不打算在这里多说弗洛伊德关于生本能和死本能之间冲突的观点，但要补充的是，1924 年他把受虐癖现象放入他新的死本能概念下来考虑，所以《受虐癖的经济学问题》和《一个被打的小孩》是互补的，应该一起研读。

当然，不可能所有的精神分析师都会接受弗洛伊德有关本能的新理论。

你可能同意或不同意他的假说，但似乎如果不把弗洛伊德的本能理论考虑进去，便会倾向于将像受虐癖这类倒错现象看作神经症现象，因此会使用相同的技巧方法来处理它们。其结果是，倒错的表现——它们有其精神机制上的根源，而非神经症性的——将继续被否认和分裂，使得约束死本能的生本能任务更加困难，以至于死本能倾向于保持自由状态。

问题：有种说法认为相比于没有客体，受虐者更喜欢一个虐待他们的坏客体。对失去客体的害怕和受虐癖有关吗？

受虐癖的确与分离焦虑、对失去客体的恐惧紧密相关。因此，在病态的哀悼中，失去一个重要客体会导致在内部精神世界中，在"批判部门"的超我（superego）和被转化后的自我（ego）之间安装一个倒错的施受虐关系，而自我的转化是认同了所失去客体的结果，正如弗洛伊德《哀悼与忧郁》（*Mourning and Melancholia*）（Freud，1917）中所说。因此，忧郁型抑郁症（melancholic depression）所描述的受虐癖和挨打幻想中所描述的受虐癖有很多相似的点，例如，退行到自恋、转向主体自身的施虐，以及无意识的内疚感，弗洛伊德后来将这些假设放在他死本能概念下详细说明。

在忧郁型抑郁症中对失去客体的内射（Freud，1927）及在挨打幻想中的"从客体退行到自我"（Freud，1919：194），两者都可解释为是受虐病人对折磨者的依恋，以及他们难以分离和难以面对孤独的焦虑。对于这些病人，我们需要做大量的工作让他们与客体分化和分离，然后他们才能从一个以自恋为主导的关系走进一种更多与客体相关的关系中。在这个过程中，通过移情修通分离焦虑和客体丧失，扮演了一个不可缺少的角色（J. M. Quinodoz，1991）。

问题：谈到挨打幻想时，弗洛伊德写道："这些幻想与神经症的其余内容分开存在，在神经症结构中找不到适合的地方。"这是否是想象倒错幻想和神经症幻想可能有不同的本质？

在我看来，当弗洛伊德强调挨打幻想"在神经症的结构中找不到适合的地方"，他是在含蓄地引入分裂（splitting）的概念，用来与压抑（repression）相区别。值得注意的是，弗洛伊德对压抑在挨打幻想中所起的作用表达过质疑。直到 1927 年在《恋物癖》中，他才发展出自我的分裂（splitting of the ego）这个概念，自我的分裂是倒错中表现出其精神功能特征的另一个元素——尤其是受虐性倒错——并用以与神经症区分。

当代的视角

根据当代精神分析文献，我选择了两篇临床论文来讨论《一个被打的小孩》。第一篇是露丝·拉克斯（Ruth Lax, 1992）所作，使我们能够思考超我在神经症和倒错中的不同。第二篇是露丝·R. 马尔科姆（Ruth Riesenberg Makcolm, 1988&1995）所作，详细地说明了受虐性倒错涉及的情结机制，从而使分析师能够改进他治疗这些病人的方法。

神经症的超我和倒错的超我

虽然有些现代的精神分析师声称在他们的病人中，从没有发现过一个"正挨打的小孩"的幻想，但其他人，比如露丝·拉克斯（Ruth Lax）就曾观察到如弗洛伊德所描述的内容。在她的论文《对〈一个被打的小孩〉中弗洛伊德的主题的一次变异——母亲的角色：女性超我发展的一些意涵》（A Variation on Freud's Theme in 'A Child Is Being Beaten'-Mother's Role: Some Implications for Superego Development in Women）（Ruth Lax, 1992）中，拉克斯呈现了四个女病人的挨打幻想，她们的"我正在被我的母亲殴打"的无意识幻想对应于弗洛伊德的第二阶段。然而，与弗洛伊德不一样的是，拉克斯发现病人对母亲的内疚感远比对父亲的内疚感重要得多。这些病人感觉到母亲像是个严厉的法官，禁止女儿对父亲乱伦的渴望，并威胁她会失去女人的生殖器官。在某些时刻，这个"敌意的和控诉的"母亲超我会突然被投射到分析师身上，分析师会被病人感受成为一位严格和可怕的母亲。对作者来说，这个严格的母性超我，作为"俄狄浦斯法则"的载体，在女孩身上扮演的角色等同于在男孩身上扮演着阉割威胁的父亲超我。

这篇非常生动的文章中显示了母性超我在挨打幻想范围内的结构化角色，但是根据拉克斯的观点，一切似乎都会在一个正向的俄狄浦斯情结和一个俄狄浦斯超我的背景下进行。"在我的病人的精神分析过程中，在这一阶段有着强烈的正向俄狄浦斯情感的背景下，很明显地可以看到，她们感觉母亲像是法官及惩罚者，禁止违反与父亲的乱伦禁忌。"

作者观察到，随着治疗的进展，病人的受虐幻想和自慰行为的强度减弱，同时正向的俄狄浦斯情感增强了。拉克斯甚至怀疑是否可能牵涉到女儿对母亲的更退行性的乱伦渴望，这是反向俄狄浦斯情结的一部分。但她承认她的病人当中并没有提供任何支持这个论点的材料。

虽然拉克斯把这四个案例描述为受虐癖案例，在我看来，她似乎是把这些案例作为神经症性结构的案例，带有受虐方面，基于一个正向的俄狄浦斯情结，涉及一个超我，其严厉性是属于"俄狄浦斯法则"那一种，而不是属于前生殖器起源的倒错组织。不过，我不相信在一个单纯神经症的基础上会有任何倒错组织；相反，所有倒错必须包括原始防御，不同于神经症中的防御。

从这个观点来看拉克斯的文章（Lax, 1992），我注意到她只以受虐癖的观点来思考她的个案，即弗洛伊德在 1919 年《一个被打的小孩》中所表达的——在他介绍第二个本能理论之前。为了能全面地讨论倒错，重要的是能够参考弗洛伊德后来的理论，特别是自我的分裂及死本能，两者都让他能够更好地概念化破坏性。这在施受虐癖（sadomasochism）中尤其如此，超我展现出施虐，被弗洛伊德描述为一个"死本能的纯粹文化"（pure culture of the death instinct）（Freud, 1923：53）。拉克斯虽然没有针对这些问题进行说明，但她的病人似乎拥有倒错超我的破坏性特质，当"敌意的和控诉的"母亲超我被投射到分析师身上，就可以看到这个倒错超我的爆发。母亲超我的投射除了与直接俄狄浦斯情结有关（拉克斯的观点）之外，似乎会再度出现在施受虐冲突的移情中，这冲突位于自我的分裂部分，其中施虐部分被投射到分析师的身上，病人感觉分析师在攻击自己。而病人自己无意识地扮演着受害者的角色。

在我治疗类似的受虐癖个案的经历中，我开始区别移情投射是来自一个俄狄浦斯形态的严格超我，还是一个与倒错相关的精神内部施受虐元素的早熟性超我。我的一位分析对象常常将一个严厉、令人生畏的超我形象投射在我身上，而要确定是哪一种机制在运作并不容易。在移情中的某个时候，这个病人会投射出一个严格的超我，感觉像是一位威胁阉割他儿子的父亲，但却还是保护及爱着他，在这种情况下，恨仍然和爱连结在一起。另一个时候，病人会把我体验成一个早期超我，感到是一个部分客体和一个可怕的、施虐的、完全没有爱的父亲。在这种情况下，恨与爱分裂了。在后一种情况中，例如，他会觉得我的诠释不再是为了理解他所做出的假设，而是羞辱或打压他的方式，为了显示我的权力在他之上。我认为这个形象和那令人生畏的俄狄浦斯超我没什么关系，不管是父亲的还是母亲的，而是显现出在破坏性施受虐关系的移情投射背景之下的一种渴望被处罚的无意识需求。这个突然从幻想中迸发出来的施虐的、压倒自我的超我，与神经症的移情没有任何关联，而是对应一种从属于一部分分裂自我的无意识施受虐癖的突然出现。

倒错、投射性认同及偷窥癖

最后我想要讨论一位有严重受虐性倒错的病人，是露丝·R. 马尔科姆（Ruth Riesenberg Malcolm, 1988）以《镜子：一位女性的倒错性幻想，视为一种对抗精神病性崩溃的防御》（ *The Mirror : Perverse Sexual Phantasy in a Woman Seen as a Defense Against a Psychotic Breakdown* ）为标题发表的作品。这位病人所展现的临床画面，不同于那些描述有挨打幻想的病人，但确实也有许多相似点。挨打幻想的病理性特征仍可以观察到，特别是投射性认同的中心角色，以及偷窥癖所扮演的角色，偷窥癖是一种主体同时参与和观看场景的幻想。对这位病人的内在世界所进行的令人钦佩的详尽分析，以及对这种形式的倒错涉及的情结机制所做的细致研究，为分析这类有挨打幻想的病人提供了一个模型。这位病人在长期的分析中得到了良好的发展，因此我们可以以此检视，作为最后问题的，即与改变作用有关的因素。

（1）有关认同他人、投射性认同及全能的幻想　在这个案例中，病人的性生活自从 20 岁起就被倒错的施受虐幻想及强迫性自慰所控制，有时会持续几小时，而且一直需要新的男性伴侣。在她开始转变为接受长期的分析之前，她常常因精神崩溃而住院。

在分析中，数年间病人没有提到她的倒错幻想及自慰行为，是分析师通过反移情作用发现了这些元素。病人常常会以一种吸引分析师并激发她好奇心的方式描述每天的生活场景，以至于分析师发现自己想要参与其中。慢慢地，分析师察觉到这紧抓着她的强烈好奇心，有一天做出了诠释，这是病人想要激起好奇心的结果。这个诠释使病人意识到她自己的好奇心，在周末和分析师分离的期间会变得特别强烈，然后她羞愧地承认她花了相当多的时间自慰，感觉到被代表着父母亲的分析师所排斥，并于那时，第一次告诉分析师她的有关镜子的幻想。

在这个幻想中，病人看见一个镜子，镜中正在发生暴力施虐及令人羞耻的性场景。参与者为乱伦的同性恋和异性恋伴侣，他们的持续时间长达好几小时。病人想象她依次是这野蛮场景中的其中一人。当镜子幻想进行时，有旁观者在观看这个场景，与他们自己的兴奋感搏斗，因为假如他们屈服了，就会掉入镜子里。

分析师对好奇心所做的诠释，有效地调动和改变了情境，使移情中无意识的付诸行动可以被言语化了。在分析过程中发现，病人的精神生活主要在两个层面进行。在其中一个层面上，她强烈地参与了镜子中发生的倒错活动，如此才可能逃避被排斥的感觉或被绝望及憎恨压倒的感觉，那是些她可能在面对双亲时曾有过的感觉。另一个是更发展的层面，病人同样认同在镜外的旁观者。这比镜内人的退行程度要低，但是他们也只能观看和努力避免掉入其中。在移情关系中病人重现了这一幕，将自己的旁观者角色投射在分析师身上，而她自己则上演了通过设计来激起移情的好奇心的场景。

在分析期间可以看到镜子幻想既阻止她修通俄狄浦斯情境，也遏止她进一步退行和精神崩解，就像她在分析之前那样。

马尔科姆描述了在镜子病人的精神结构中的两个突出特点：第一，由多重分裂造成精神碎片化的重要性；第二，全能在投射性认同的强度中所扮演的角色。这位病人用极夸大的形式表现出在所有倒错组织中都可发现的原始防御机制。病人全能地感到可以把男性和女性、观众和演员、受虐和施虐投射到镜内和镜外，这些多种不同的机制结合在一起产生了无尽变化的多重情节。

弗洛伊德已经注意到，这些幻想性认同他人的过程在倒错组织中是特别明显的。他没有使用现在的名词"投射性认同"，但早在 1915 年《本能及其变迁》一书中，他就曾写道："受虐者同时享受了对自己施暴的快乐"，而对施虐者来说，"当这些痛苦施加在他人身上时，他们也通过主体将自己认同为受苦客体，受虐地享受着"。在《一个被打的小孩》中，弗洛伊德再度提起此论点，说："试图摆脱同性恋客体选择的男孩，虽然没有改变性别，但在意识幻想中仍然感觉自己是个女人，且赋予了殴打他的女性以男性特质及性格。"类似地，女孩"甚至已经放弃了她的性别……而且由于她自己变成了一个男孩，她也使挨打者主要是男孩"。不过在这个阶段，弗洛伊德还没区分开这种原始形式的"两性体"的双性现象［基于全能、分裂、经由投射的对客体的自恋性认同及一种"父母结合体"的幻想（M. Klein，1932）］和整合形式的心理双性（psychic bisexuality），后者是当他介绍同时适用于男孩和女孩的正向俄狄浦斯情结及反向俄狄浦斯情结的概念时所出现的元素（Freud，1923）。

（2）从偷窥癖到求知的渴望　汉娜·西格尔（Hanna Segal，1995）最近讨论了使马尔科姆的镜子病人得以顺利发展的因素。她的评论不仅阐明了这个个案，也揭示了弗洛伊德在《一个被打的小孩》中所触及的许多方面。

首先，西格尔提出有关有可能逆转病理性投射认同进程、因而促进了内射和认同过程的因素。对西格尔来说，建构性的内射要求病人有某种程度的能力，可以认识到他所投射的和接受并容纳其投射物的客体，是不同且独立的。"我想必定从一开始就存在分化及分化的能力，否则投射作用将会导致恶性循环。而且当然，这种区分的关键战场也就是抑郁位。"

第二，她的评论同样地适用于弗洛伊德所描写的在挨打场景中作为"旁观者"（spectators）和"观察者"（observers）的病人。西格尔指出挨打场景中的"旁观者"是"偷窥者"，她说这样的情节"不是平常的好奇心，而是典型的偷窥癖的情节"，因为"偷窥者不是由求知欲望所驱使的"。就好像偷窥者并不真实地看到场景，而是看见它显露在一个屏幕上，这既是对投射的一种支撑，也是对好奇心的一个障碍。这情况使我想起天体营制定的法则，在那里每个人都规定必须要裸露，却被严格禁止观看。

西格尔补充说，分析师帮助病人把倒错偷窥癖转变成正常的婴儿好奇心是至关重要的。一旦分析师能够将自己的反移情偷窥癖转变成对病人的好奇心，这种转变对镜子病人来讲就变得有可能了，于是病人就能内射一个对病人有好奇心的分析师，进而催化一个认同过程，形成一个整合较好的心理上的双性特质。

我有一个类似的受虐个案，是一位年轻女性，她的挨打幻想与强迫性自慰行为有关，并且我自己也能注意到病理性投射性认同所扮演的角色。我的病人在精神生活层面上感到特别困扰，她被一种无止尽地将自己投射到他人之中的倾向所控制，无法维持自己的状态，以至于她不能确定这个正在思考的人是她自己，还是处于自己位置的其他人。这导致了一种几乎永久混乱的状态。

正是一个梦给了她一个描绘这个内在情境的机会。她梦到她在戏院里，既站在舞台上同演员们一起演出，同时也坐在她的座位上观看演出，所以在她的梦中，我的病人同时作为演员和观众，就像马尔科姆的病人一样既参与镜中的事件同时也是一个旁观者。诠释这个梦使我帮助她理解了其混乱状态的来源，并且能看到同时作为女演员和观众的她，实际上不是其中任何一位，而这种混乱情境会一直持续到她选择了自己的位置为止。她必须选择要么当个演员，在这角色里承受严重暴露自己的危险，要么选择成为观众，认真努力地去理解这出戏。没有人能既在舞台上又在观众席中，而不失去自己的身份同一性的。

虽然我的病人能从混乱状态中逃离而感到纾解，但是她花了很长时间去放弃对投射性认同的大量使用，因为那将意味着放弃她的全能感觉。每当她表示要舒服地留在位子上而不要同时也上台时，一种悲伤、无法忍受的孤独感、焦虑就会紧紧抓住她。无论如何，她慢慢地修通抑郁位，如西格尔所强调的，这种方式仍旧是放弃病理性投射认同、促进内射进程的唯一方法，使她成功地将偷窥癖转化为好奇心。

结论

对《一个被打的小孩》的研究已经向我们显示，弗洛伊德在 1919 年描述的病理性状态在现今也具有意义，最近的两篇文章也证实了这一点。此外，这些著作也向我们表明，我们必须更加关注这类无意识受虐幻想在我们的分析病人中所扮演的角色，因为他们常常不会承认，而症状也很难被察觉。但是如果分析师特别小心并给分析病人机会去克服自己的羞耻，从而揭露秘密，病人将会感到明显的纾解，并能够开始去赋予其幻想以意义。

参考文献

Bonaparte, M. 1957. *La sexualité féminine*. Paris: Presses Universitaires de France.

Deutsch, H. 1944. *The psychology of women: Psychoanalytic interpretation*. New York: Grune and Stratton.

Freud, A. 1923. The relation of beating-phantasies to a day-dream. *Int. J. Psycho-Anal*. 4:89–92.

Freud, S. 1905 [1901]. Fragment of an analysis of a case of hysteria. *S.E*. 7.

———. 1915. Instincts and their vicissitudes. *S.E*. 14.

———. 1917. Mourning and melancholia. *S.E*. 14.

———. 1919. A child is being beaten. *S.E*. 17.

———. 1920a. The psychogenesis of a case of homosexuality in a woman. *S.E*. 18.

———. 1920b. Beyond the pleasure principle. *S.E*. 18.

———. 1923. The ego and the id. *S.E*. 19.

———. 1924. The economic problem of masochism. *S.E*. 19.

———. 1925a. Negation. *S.E*. 19.

———. 1925b. Some psychical consequences of the anatomical distinction between the sexes. *S.E*. 19.

———. 1927. Fetishism. *S.E*. 21.

———. 1933 [1932]. New introductory lectures on psycho-analysis. *S.E*. 22.

———. 1940 [1938]. Splitting of the ego in the process of defence. *S.E*. 23.

Horney, K. 1932. The flight from womanhood. In *Feminine Psychology*, ed. K. Horney. London: Routledge & Kegan Paul (1967).

Jones, E. 1935. The early development of female sexuality. *Int. J. Psycho-Anal*. 8:459–72.

Klein, M. 1932. The effect of the early anxiety-situations on the sexual development of the girl. In M. Klein, *The psycho-analysis of children*. London: Hogarth (1980).

Laplanche, J., and Pontalis, J.-B. 1988. *The language of psychoanalysis*. London: Karnac Books and the Institute of Psycho-Analysis.

Lax, R. 1992. A variation on Freud's theme in "A child is being beaten"—Mother's role: Some implications for superego development in women. *J. Amer. Psychoanal. Assn*. 40, 455–73.

Pragier, G., and Faure-Pragier, S. 1993. Une fille est analysée: Anna Freud. *Revue Franç. Psychanal*. 447–57.

Quinodoz, D. 1992. Les alibis de la perversion, ou "L'assassin habite au 21." *Rev. Franç. Psychanal*. 56:1693–1701.

Quinodoz, J. M. 1989. Female homosexual patients in psychoanalysis. *Int. J. Psycho-Anal*. 70:57–63.

———. 1991. *La solitude apprivoisée: L'angoisse de séparation en psychanalyse*. Paris: Presses Universitaires de France. (*The Taming of Solitude: Separation Anxiety in Psychoanalysis*. 1993. London: Routledge.)

Riesenberg Malcolm, R. 1988. The mirror: A perverse sexual phantasy in a woman seen as a defence against a psychotic breakdown. In *Melanie Klein Today*, ed. E. Bott Spillius. London: Routledge.

————. 1995. Introjection: The undoing of projective identification. University College London Conference on Projective Identification, London, October 1995 (unpublished).

Saussure, R. de. 1929. Les fixations homosexuelles chez les femmes névrosées. *Rev. Franç. Psychanal.* 3:50–61.

Schafer, R. 1968. *Aspects of internalization.* New York: International Universities Press.

Segal, H. 1995. Comments on Ruth Riesenberg Malcolm's paper. University College London Conference on Projective Identification, London, October 1995 (unpublished).

Steeman, S. A. 1939. *L'assassin habite au 21.* Paris: Librairie des Champs Elysées.

Young-Bruehl, E. 1988. *Anna Freud: A biography.* New York: Summit.

Weiss, E. 1970. *Sigmund Freud as a consultant.* New York: Intercontinental Medical Book Corporation.

《一个被打的小孩》与受虐的小孩

伊西多罗·贝伦斯坦❶（Isidoro Berenstein）

这篇论文的架构如下。

第一部分： 1919 年弗洛伊德的个人环境及精神分析的处境。

第二部分：逐段评论弗洛伊德的原稿。

第三部分：一个临床上的短文，作为讨论受虐癖及其临床表现的基础。

第四部分：在越来越令人不安的真实世界中的，类似于挨打小孩幻想的情境——即受虐的小孩最常被父亲虐待，但偶尔也会是母亲。

第五部分：幻想的结构及真实的结构，以及它们的相似及相异之处。

1919 年的弗洛伊德和精神分析

1919 年，弗洛伊德 63 岁。第一次世界大战于前一年刚结束，凡尔赛和平会议也于 1919 年召开。同盟国对德国及奥地利实施了严苛的条款。战争的结束并不意味着通过暴力来快速解决欧洲政治、社会和经济问题的这种信念的结束。维也纳正经受着社会变动的冲击：国家主义的高涨，人口的大幅减少，民众对凡尔赛条约及经济、金融的危机越来越感到失望和愤怒，那是

---

❶ 伊西多罗·贝伦斯坦（Isidoro Berenstein）在 Buenos Aires 精神分析协会的精神分析学会中，担任训练及督导的分析师与教授一职，并且曾经是该学会的会长。他于 1993 年获颁 Mary S. Sigoerney 信任的 Sigoerney 奖。

一个政治巨大动乱的时期，最终在20世纪30年代严酷的欧洲独裁政权中达到了高峰（Kinder & Hilgemann，1973）。

弗洛伊德对维也纳有两种极端矛盾的情感，虽然他一直住在那里，直到1938年为止。那时奥匈帝国正处于崩溃边缘，因此奥地利和德国都非常穷困，他们的市民充满了一种社会耻辱感。这些情况正是纳粹主义滋长的沃土，它开始于20世纪20年代，并于30年代继续发展。

弗洛伊德和他的家人几乎都生活在维持生计的水平上，他那段时期的书信和评论可以证实（Gay，1988）。虽然社会情势恶化，弗洛伊德还是有很多病人，但他的收入仍然微薄（Jones，1957）。

个人的危险处境并不是弗洛伊德唯一关心的事。在整个生涯中，他对精神分析理论并不满意：尽管它的基础概念是原始及创新的，但是当运用到一系列新的临床问题时，其中一些理论被证实存在缺陷，这使他意识到其理论是不完善的。在任何伟大理论的发展中，都可能出现这样的情况——弗洛伊德知道精神分析也是如此——但这使他感到心烦。追溯至1899年《梦的解析》时期，无意识理论已让位给一种有关自我和理想自我（ego ideal）的地形学理论——也就是一种不同的心理结构。 1919年，精神分析概念被用来测试是否适用于精神病以及具有挑战性的倒错现象，对此，弗洛伊德已于1905年的《性学三论》中有了初步说明。而《来自于婴儿期神经症的历史》［Freud，1918（1914）］也才刚出版（文章中记述的治疗是几年前开始的，并已于1914年结束）。 1915年所著的一些元心理学文章之后还有《元心理学对于梦的理论的补充》（*A Metapsychological Supplement to the Theory of Dreams*）［Freud，1917b（1915）］，以及《哀悼与忧郁》［Freud，1917c（1915）］。继《论"离奇"》（Freud，1919b）之后是《超越快乐原则》（Freud，1920b），其中有有关弗洛伊德对于驱力和精神结构两者的新概念。

1919年1月24日弗洛伊德在写给费伦奇（Ferenczi）的一封信中，宣布了他在写《一个被打的小孩》。这篇文章后来在那年夏天发表（凡尔赛和平会议于1919年1月18日召开）。大约同一时间（1919年3月），他开始着手后来命名为《超越快乐原则》的文章。在一封1919年5月12日的信中，他告诉费伦奇（Ferenczi）他正在写作《论"离奇"》，并于那年秋天发表。

在《一个被打的小孩》里提出了几个彼此关联的主题。受虐在元心理学的著作中被视为一种继发于施虐的过程，被看成施虐转向主体的结果——施虐转化为它的相反面，此机制被认为是比压抑及升华更原始的防御机制。弗洛伊德现在又回到这个主题，与 1915 年的主题相比有了变化；事实上，《一个被打的小孩》预示了在 1924 年对受虐的重新建构，它与驱力二元性及新心理地形学的形成是同等重要的。

弗洛伊德的论文也开始阐述他对女性性欲的观点；他对女孩的挨打幻想、各个阶段和各个阶段中的具体体现，以及男孩和女孩间的不同，都给出了特别精细的描述。而完成于 1920 年 1 月并于同年 3 月出版的《一位女同性恋个案的心理起源》（Freud，1920a）也始于大约同一时期。在接下来的十年中，他的作品都是关于女性特质的。在《一个被打的小孩》中包含的另外一个主题是俄狄浦斯情结，特别是女性的俄狄浦斯情结，被放在复杂和具有争议的女性性欲领域内探讨。

在这篇 1919 年的文章中，提到一个更深入的始于精神分析最初起源的主题：父亲的角色，与弗洛伊德在他父亲即雅各布（Jacob）去世后所做梦的细节相关。这个主题普遍存在于所有个案的过去经历中（小汉斯是通过他的父亲而被治疗的），而且也在《图腾与禁忌》一书中得到了深入的探讨；它也在我们所讨论的那篇论文中占据了重要地位。

心理活动的变迁—— 幻想——和组件驱力（component drives）的关系，是这部作品的中心主题。幻想就它本身而言，被看作一个重要的实体—— 的确，比真实的创伤事件更重要—— 而且被看作是位于"精神现实"（psychic reality）的根源。幻想具有与主体高度相关的场景特质，通常是一个满足无意识欲望的视觉内容。然而，它的结构在不同的主体上亦表现出极多的相似之处，这引导弗洛伊德发展"原初幻想"的观点。在这个概念中，事件的真实性被重新设定，尽管是被转移到了一段旧时的时光中。

现实原则必然就是不断地拒绝幻想。将近一个世纪的精神分析已经揭开了内在现实的复杂性，但仍有许多有待探索。真实世界并没得到等同的关注度，通常被视为是分析的一种障碍或妨害。关于这"挨打小孩"的幻想，这位受虐小孩的真实处境有着类似的形式，给我们带来了一个理论上的挑战。

弗洛伊德在这篇《一个被打的小孩》的文章中包含了这么多重要主题，证明在他写作时，他正在重新建构精神分析概念，这项工作开始于1919—1920年，并在随后的几年里继续发展。

逐段评论《一个被打的小孩》

文中的六个部分是大家相当熟悉的，我们应该记住，任何一种翻译都不可避免地会在原稿上加入一些新的次序，而且会以带有翻译者痕迹的方式转换它。

在第一部分，弗洛伊德描述他的"幻想表征"（fantasy-representation）。这幻想似乎是频繁且愉快的；对幻想的承认与象征阻抗的羞耻感及内疚感有关；其顶点是自慰（自体性欲的）；而它最初发生的记忆已丢失。在学校里的身体处罚会唤起并强化这种幻想，但并不是它的起源。它或许被认为是一种从早年经验到后期的置换。对弗洛伊德来说，"早年"指的是学龄前从两岁到五六岁的时期，后期是潜伏期或之后的时间，这幻想如果不是与其他小孩挨打的经验相关，就是与书中小孩因为坏行为被处罚的情节有关〔这里我们已经看到意识上的投注（cathexis）将快乐与自慰之间的连结保持压抑状态〕。弗洛伊德拒绝认为这幻想和真实的身体处罚之间有任何关系，他在每个病人的描述内容中都没有观察到这一点。这是合理的，因为重要的是去描述这幻想的结构、无意识功能、特有的现实性及控制其运转的法则，这些都和外在现实里的不同。这里"挨打小孩"的幻想是和快乐连在一起的，而真实的被打经验则伴随着难以忍受的感觉。弗洛伊德一定非常关注这一区别，他试图在他的文章中多次详细地说明这一点。孩子在外部现实中所经历的现实惩罚与心理现实之间存在着一种不一致，幻想的心理现实中附着有情绪力量。因此，幻想表征的位置和将在其中出现的角色都是特别相关的。

弗洛伊德补充说殴打是施加在"赤裸的臀部"（naked bottom）上的。虽然他没有明确地说，但我们可以理解为不是肛门直肠区域，而是臀部，如果就皮肤性欲性（skin erogenicity）及其快乐与痛苦交替的感觉来说，臀部可能可以变成自体性欲的。臀部不同于肛门直肠区域，具有排泄、控制和合并功能，在其排泄物及意义方面也不一样。

在第二部分，弗洛伊德讨论了倒错的婴儿化特征及其之后延续到成人生活之间的关系。在这里，"倒错"等同于一个部分驱力（a component drive），不受生殖力霸权或统一的目标所支配，然后演变成为一个独立的、自治的倾向。这个组件驱力有几个可能的命运：它们可能遭到压抑，在这样的情况下，它们会从意识生活中消失；或者可能合并入一个反向形成中，如同在强迫神经症或升华作用中那样。当压抑或升华作用没有成功时，倒错会在成人期出现；在这样的情况下，可以假定已经发生了类似固着的事情。假如压抑发生，将会导致某种倾向，如在施虐癖的情况下，将会是一种强迫神经症的倾向。当偶然目睹的一段处罚情境与性倾向产生联系时，可能会牵涉一种先天性的体质（congenital constitution）。这种先天性的体质是什么呢？它是个模糊的概念，解释得很少，不过是给那些我们尚未了解的部分一个暂时的名称。

在第三部分，弗洛伊德阐明了他在理论知识和治疗成功中的立场。精神分析被认为是一种消除婴儿失忆症的方法，使成人能够熟悉其最开始的婴儿生活，弗洛伊德把这个重要的时间放在两岁至四五岁之间。他选择两岁这个年龄，或许是因为两岁小孩不再仅仅是一个被他人谈论的主体，开始成为一个说话者——也就是说，有一个前意识的寄存器（a preconscious register），与无意识逐渐分离。与此同时，小孩获得了对肛门括约肌的支配和控制，并尝试用自己的脚站稳和走路，因此获得了所谓的外在及内在的支持基础。然而，只要症状消失就被认为治疗成功，这一标准若仅从成人生活的角度来看才是重要和明显的，那么这种婴儿生活的知识，起源于支配着成人精神世界的压抑的位置，就只是一种理论。另外，病人讲述长大后的事件，是分析师在向病人诠释有关他小时候的事情。对病人来说，无意识来自分析师；它被感觉为如同外来物，犹如是外部起源的，尽管它提供给他一个真正是他自己的经验的坚实基础。

弗洛伊德现在阐释了女孩各个阶段的挨打幻想，每阶段都可用一段话来表达。

第一阶段和第一段话为"我的父亲在殴打小孩（尚未指定性别）（我所恨的那位）"。这一阶段也可以如此表示："我的父亲并不爱这个小孩，他只爱我，因为他在打那个小孩。"其中所涉及的可能是回忆、源于各种环境下的愿望，或是一种幻想。它具有虐待的特质，并由女孩投射到她父亲身上。

第二阶段和第二段话为"我正被父亲殴打"。它从来不曾真实存在过，并且也不会被记得或变成意识化的。它可能是压抑形成之前的产物，是一种分析的建构或主体的建构。作为一个明确的受虐阶段，它必然没有经过压抑的处理。那么，这个阶段-句子是什么呢？那些使婴儿期——或许就是无意识本身——变得清晰和可理解的，不只是对一段记忆的发现或演绎了一段经验，而是意义的建构使这类感情经验合理了。为了之后能传达给他人，这段经验必须经过自我，不管自我的结构是多么原初；因此，受虐和自恋在早期就和自我的形成绑在一起。

第三阶段又是意识层面的。这次施与殴打的人已从父亲置换为一位替代者，比如老师；这个幻想女孩没有出现在场景中，而是在观看。这段话可能是："一位大人（老师）正在殴打小孩"，它像是梦中的情境，做梦的人通常不被包括在情节中，虽然做梦者可能被说成代表梦中出现的所有角色。在幻想中，被打的小孩是男孩。第三阶段产生强烈的性兴奋，并导致自慰。

后来，在《由性别的解剖构造上的差异所产生的一些心理后果》（Freud，1925）一文中，弗洛伊德回到《一个被打的小孩》中所提出的论点，并且明确地陈述，正挨打的小孩是阴蒂的拟人化转化，殴打是转化后的爱抚，都和女孩的婴儿自慰相关。弗洛伊德已经在《来自于婴儿期神经症的历史》［Freud，1918（1914）］中指出，受虐的反转采取了惩戒及挨打的形式，对于男孩"尤其是打在阴茎上"，如此一来与自慰满足感相关的内疚感就减轻了。在这时，弗洛伊德仍认为受虐是施虐转向主体自身的结果。

这一幻想表现为一种可以互换位置和角色的心理场景形式。第二段也可能是最深刻的一段话，使女孩的自我成为了动词"殴打"的被动式主体（我正被殴打），而施与处罚的人是父亲（我正被我的父亲殴打）。它的基础是被渴望的欲望，退行性地被表达为"被父亲殴打"。这是那个被转化为施虐的位置，因为主体改变了，自我让父亲站在殴打行为主体的位置，把小孩作为间接客体。这是第一阶段的句子。为了适应更新的环境，例如学校和与大人交往的经验，打人者因而从父亲换为一位替代者，这是第三阶段的句子。

第二个也是最无意识的一段话极具重要性。这里的主体（我）最初被呈现为愿望（被殴打）所在的心理空间，但总是要受另一个人（即父亲）的指示。受他人指示的功能就是最初受虐性倾向的基础。如稍早所说的，这里受虐和自恋是重叠在一起的，而主体（愿望起源的地方和部门）及代理（执行动词的具体动作的人）也是重叠的。它们可能是并且看起来都是一样的，直到被动语态的建立，使得挨打愿望（主体是女孩）能够与施与殴打的客体（父亲）区别开来。

这些无意识的作用过程带我们回到《本能及其变迁》（Freud, 1915），文中弗洛伊德回到与压抑和升华作用之前的驱力变化相关的受虐问题上；在这里，他使用反转到相反方和转向主体自身。此反转关系到从主动性（activity）到被动性（passivity）的变化。首先是关于小孩对这个被折磨的客体所采取的有力的肌肉动作，包括羞辱或征服等。这时，受虐被看作施虐转向自我本身：朝向客体的行为改变方向，由他人变成自我，而主动也变为被动。假如自我接受了这个被动的行为，将势必由另一个主体接管这种行为。

这个受虐的立场需要另一个人，作为对自我执行行为的人。或许这个特定行为的模式表明自我的需求在前，愿望在后，因而暗示了他人的霸权地位。接下来，自我通过认同采取了他人的位置，将之定位于自己，尽管现在自我已转型为一个像自己的实体；这里，他人是自我实施施虐行为的客体。因此，受虐总是需要另外一个人来满足自我的欲望，而施虐则必须通过他人身上的自我作为客体来实施行为。

正是在自我与客体间的往复运动中，自我作为主体进行中心化和去中心化。自我将他人作为主体或客体。前者是在性别分化之前的父亲或双亲（Freud，1921），而在后者，母亲被选为客体，特别是男孩。通过这样的方式，主体开始处理俄狄浦斯情结。它似乎是一条心理运行法则，通过认同，主体投注他自己像投注别人一样，而这种操作实际上产生了我们所说的主体。这一运动涉及从受虐至施虐的中心化和去中心化过程。毫不奇怪，一旦配备了死亡驱力这个概念工具，弗洛伊德最终确立了受虐的优先地位。

第四部分他又回到第一阶段，这一阶段基于婴儿的忌妒及小孩的自我利益。他提供了一个关于连结的完美描述（Berenstein，1995）：女孩温柔地依恋着父亲，他也许做了一切可能的事情去获得她的爱，因此也共谋了她对母亲的恨意及和母亲的竞争。两者彼此依赖。女孩的自我是被父亲的爱所模塑的，正如父亲的爱是由女孩的欲望所模塑的一样。没有人能够单方面创造这个连结。假如这个连结被铭刻心中，会出现在一个不同的地方，不同于作为内在客体且受到无意识幻想变化影响的父亲的表征。在这样的情况下，父亲几乎完全是自我的一个创造物，但在"做一切可能的事去获得她的爱"的这个连结中的父亲不会这样。他做出有意义的举动，而不仅仅是接受来自于女孩的意义。

弗洛伊德在《本能及其变迁》一文中提出了一些关于恨比爱更古老的想法的线索。这是由于自恋的自我对外部世界的拒认，因为外部世界给予了不想要的刺激，包括弟弟妹妹的存在。这愿望随后延伸至母亲，在男孩身上表现为希望与她生个小孩，在女孩身上则表现为希望从父亲那里得到一个小孩。这些爱会遭受压抑，或者说，注定要被埋葬。埋葬不同于压抑，而是涉及解构（destructuring）：它们再也不会被表达，也永远不可能被记得。或许这种情况特别类似于俄狄浦斯情结的埋葬，但它的意义仍然存在，只是以遗产的形式。因此，埋葬的俄狄浦斯情结的继承者就是超我。对婴儿式爱的联盟的继承者是两个心理领域或世界的组合，其中之一需要他者在场，以便使心理生活的连结展开，而另一个领域需要他者的缺席，这样幻想的世界才能发展。前者或许可称作"和他人的连结"，后者则称为"客体关系"（Berenstein & Puget，1995）。不可否认，当我们愈靠近起源时，这个区别就会愈模糊。

与之相反的是，乱伦欲望的持续会引起压抑，造成的结果是意识上的内疚感。它以惩罚为满足，引导至幻想的第二阶段："他不爱你，因为他在打你。"然而它不仅是压抑，也改变了爱的感觉，变成一种攻击（aggression）；这里我们获得了对 1919 年的弗洛伊德而言的"受虐癖的真髓"。驱力的目的进一步变化了——退行——现在被补充进去，以被父亲殴打的形式获得满足感。因为这很难被带入意识层面，它的铭刻（inscription）想必先于语言的获得、前意识及无意识的分离，也因此有了它的结构。

既然幻想是一个空间，里面的人物可改变他们的位置和服装，在男孩案例中施加处罚的人是母亲，这产生了可以置换为其他女性的受虐结构。在弗洛伊德的女性病人个案中，殴打的受害者是弟弟妹妹的象征。回到第三阶段，它在形式上是施虐特质的，目标是带着内疚感的受虐满足。这个不确定的小孩代表的是同一个人。

第五部分处理倒错的起源及性别差异所发挥的作用。倒错的起源与正常性欲成分密切相关，这性欲是被俄狄浦斯情结或是俄狄浦斯情结的一种特定的变迁所塑造，被一些模糊的先天性元素所偏爱，或被迫地不被压抑，所以，不正常的成分就保持了下来。这使倒错置于性的逻辑链之中，而非孤立的。挨打幻想和其他倒错的固着，来自于弗洛伊德所称的"伤疤"，是俄狄浦斯情结结束过程中遗留下来的，它们是矛盾的俄狄浦斯情结展开之前及之中所受到创伤的沉淀物，例如一位弟弟或妹妹的出生或死亡，或其他家庭事件——譬如父亲的死亡，或者各种丧失的结果，如母亲的忧郁（Green, 1980）、双亲夫妻中隐藏的不忠或不快乐，或家庭中隐瞒的欺骗行为，特别是涉及父亲、母亲这边的家庭成员时（Berenstein, 1989）。

这些创伤的伤疤在年轻男孩或女孩的心里持续存在，而且会以变形或重组的形式再次投注到幻想中。

关于受虐癖的起源，被动性与不快乐的特质是有区别的。后者被证明与意识里的内疚感（自我施加在客体上的施虐性和客体的乱伦选择）有关，是由于自我不久后被称为超我的部门所指责，而超我包含良知（conscience）和自我观察（self-observation）。受虐癖就如第二阶段的无意识句子所传达的："我正被我的父亲殴打。"它或许没有能力进入意识，因为它早在压抑之前就出现了。它会表现在与象征父亲的人的关系问题上。

在第六部分，弗洛伊德转向研究性别差异下有关受虐的幻想的变化。他比较女孩和男孩的挨打幻想，并指出，在后者中，当男性采取一种女性化的态度时，幻想更多地与受虐有关。由于意识的妥协，那些被处罚的表现为男孩，而施与惩罚的则总是一个女人。

在男孩中，第一阶段是"我正在被我的父亲殴打"。这是无意识的，相当于女孩的第二阶段。后者的潜在意义是"我被我的父亲所爱"—— 一个被动的、女性化的位置。而在后来转变成"我正在被我的妈妈殴打"。情欲乱伦的依附对象是父亲，对于女孩和男孩都是如此。由女孩俄狄浦斯位置来看，无论如何，她做了一个异性恋的选择，把她的父亲当成爱的客体，而男性则选择了同性恋，虽然惩戒已经由父亲移转到了母亲。这一点在不屈服于同性恋倾向的选择上必定是重要的，但女性作为施打者的角色暴露了她的男性化特质。在女孩中，殴打的人是父亲，所以异性恋连结的形式得以保留，虽然，通过采取一个观察者的位置，女性逃避了情欲生活经验，表现为父亲殴打其他小孩的幻想。

如果作用机制是压抑，那么内容会被排除出意识，但是无意识的结构会被保留。如果退行占据主导地位，无意识结构本身就会改变，以至于被保留下来的是被父亲殴打的受虐幻想。无意识是稳定的，但不是不可变的，它的内容也可以被改变。

一个临床片段

继续思考被打的孩子与受虐癖及其与倒错、父亲的角色、婴儿场景、当今戏剧的视觉展现以及与死亡交错的欲望之间的关联问题，现在我将呈现一位病人的一些临床资料，他在受虐的无意识基础上叠加了倒错与同性恋病理。他的受虐结构导致其因明显的疏忽而感染了艾滋病病毒，最终使他经历巨大的痛苦后死亡。这无疑是由所谓的机会性细菌所引起的，因病毒感染而引起了免疫系统的衰退。虽然从医学角度来看，这几乎是所有艾滋病病人的一个直接原因（efficient cause），在 A 先生的个案中，与其孩童期历史及内在世界结构相关联的无意识幻想，对其身体的苦难有着特别的意义❶。施虐癖被转移到"生活"中，体现在虐待他和从他的痛苦中得到快乐的不同的人身上。这些人形成了一个系列，包括婴儿期母亲、婴儿期父亲以及由"面包师"所代表的婴儿期父亲，我们稍后可看到，"面包师"使他初步了解同性恋。随后，又有一连串的不可避免地"偷他点子"的同事；然后，当他因为病毒感染而生病了，他被送到医生这边，"那些医生"让他接受无数痛苦的检验和治疗，他被动地遭受了这一切。他表面的被动性掩饰了在寻找这些人时而付出的不成比例的主动性。不可避免地，分析师也被纳进这一系列，因为分析师进行了"治疗上"的虐待，但在其他时候位置会互换，分析师发现他自己被病人虐待。当治疗师试着修通这一情况，快要触及病人的受虐基础时，病人想要终止治疗，就在他死前的几个礼拜。

　　A 先生［他更多的临床病史可在 1995 年我（Berenstein，1995）的文章中找到］开始找我做治疗时，是他 40 岁得知艾滋病病毒呈现阳性反应的时候。他曾有过两段婚姻，15 年前又再度结婚。在其青春期及青年早期，他先是沉溺于同性恋，然后是异性恋，最后则是双性恋性行为。他最近在任何形式的性关系中都表现为阳痿。作为独生子，他幼时的回忆是曾作为母亲的左膀右臂，进行些针对父亲的举动，譬如母亲曾要求他在父亲不知道的情形下，从他的收款机拿钱出来。如他表述的，他必须"在父亲的背后偷偷拿钱"。这一句话凝缩了他的婴儿期及最近的结构，涉及以肛欲的方式进入父亲（entering the father anally）；正如我们会看到的，这被转化为被一位父亲的代表人物所（性）占有。这可能既是对幻想成为母亲"手臂阳具"（hand phallus）的一种反抗的防御，同时又是一种关联，并可能呼应了当他感染艾滋病病毒后最重要的和痛苦的身体症状，也就是腹泻。

---

　　❶　这是将一个当下被认为是晚期艾滋病患者带进精神分析治疗的理由。疾病的事实被包括在心理现实中，作为一种"意外"或"灾难"，由于难以赋予它意义，它被反复地体验为一个外在于自我的真实事件，从而阻碍了任何洞察力的可能性。超我将这一指控本身加以利用，并将自我的罪责归于没有阻止不可能的事情：未来。所谓的粗心大意是一种认为未来可以避免的观点，这与受虐者决定要寻找对自我的惩罚是不一样的。但是对于感染，这个主体的生命将会和这里所报道的有所不同。是否要对艾滋病病毒感染者进行分析性治疗的决定，涉及上述和许多其他伦理方面的考虑。然而，在我看来，最重要的标准是去减轻别人的痛苦。

材料中描述的婴儿期的偷窃行为，和后来他母亲的偷窃癖相关，她会偷偷摸摸地——"在他的背后"——从她儿子的家中拿走物品和钱，让他极度烦躁。他的母亲前几年去世了，在治疗中他仍对这件事深感不安。在移情中，这种幻想被激活，因为在分析的情境中我坐在他后面，使他处于不信任和长期的警戒状态中。相同的症状随后发生在他儿子身上，他儿子会从房内和母亲的手提包里拿钱。因此，他面对的是儿子重复他自己幼时的情境。

在他因病情危急住院期间，他需要的一种治疗方法是运动疗法（kinesitherapy）。在接受了一位男性按摩师和一位女性按摩师的治疗之后，他决定与后者继续进行治疗。这个选择是基于她"揉捏"（knead）他的身体这件事，给他带来了快乐，也让他平静。这个西班牙单词"*amasar*"（揉捏）唤起了他 6～10 岁间的童年回忆，包括他被动同性恋行为的开始。记忆中被唤起的场景是一间面包店的后面，在那里面包被揉捏（*amasaba*），当时他是一个小孩，他非常有兴趣去看面粉如何和水混在一起形成面糊，被塑造成各式各样的形状。他后来知道这糊状物叫作面团（西班牙文是 *masa*），这动作就是揉捏（*amasar*）。在这个场景中，他被其中一个穿着一件工作围裙而底下什么都没穿的面包师傅性占有。他想他自己必定是喜欢的，否则无法解释，为何这种情况在他自己的教唆下重复发生了好几次。

他对排泄物质的着迷以及对其形成的婴儿期好奇，都与他的肛门活动相关联，他可以区分粪便是从肛门还是从臀部而来，并引发了不同的考量。第一种考量同身体的形成或消化有关，后来是心灵产物的形成或消失，标志着第一个疑问，即体内制造出什么——凭直觉认为粪便和小孩是两种元素间关系的结果，分别由面粉和水，或由他的肛门和父亲的阴茎来代表。第二种考量有关控制和排出，当控制失败时，括约肌就形成了出（粪便）与入（阴茎）的通道。第三种考量暗指肛门作为与父亲接触的接受位置，被想象成爱抚或它的退行后等价物——处罚和虐待而不是插入。

在目前生病的阶段，他正与一位女性进行物理治疗，她治疗他的身体，"帮助他站稳"——因为他越来越虚弱，以至于已经难以站稳——以及"恢复对肛门括约肌的控制"，由于持续大量的腹泻，他一直存在括约肌功能方面的问题。

这些女人代表着过去童年时期在他肛门"做"过的男人，这是一个和揉捏（amasar）有关的想法，是 ama（sa）r（amar 的意思是"做爱"）的一种特别形式，其被动形态"被爱"（amado）——即正被"揉捏"（amasado），是由父亲的替代人"在他的背后"执行，就如同小时候遵从母亲命令时所做的那样。"他的背后"是指肛门区域及其周围，作为最初受虐固着的位置和后来的演变。想被父亲"拥有"的愿望采用了幼时拥有父亲的形式，在他的背后，在他的收款机里，也就是钱所在的地方，钱不只象征粪便，而且也是为了占有阴茎，以便去满足幼时的母亲。

随着病情恶化，腹泻成为了折磨他的主要症状。它的意义被暗示在下面的梦里。

这是他接受分析第一年的一个星期一。梦中他看到自己进入一间厕所——可能是间公共厕所。他看见一个"家伙"在小便，有着一个大而勃起的阴茎，然后他离开了。一个女孩进来厕所，低头看着地上，好像在寻找什么东西。她也离开了。他自己则弯下腰去绑鞋带，并从另一个小隔间的门上的洞里看了看。那间厕所的"占用者"出来了，看起来粗暴且具攻击性。他移向旁边并躲起来。他离开了厕所，看到这粗暴的家伙拉着女孩的肩膀，随后他们都离开了。他们说了一些有关警察的事——要么他们是警察，要么他们将要去找警察。他想，假如他们问他的话，他会说他在厕所里是因为拉肚子。他会以此作为借口。

在做这梦的前几天，腹泻的发作时间拉长了。这些在公共厕所来来去去的人物，象征着在一个空间里的运动，其原型是直肠和肛门，当他正在看 ama（sa）r（搓揉-做爱）过程时，插入他的幼时面包师傅父亲所在的位置。在这里，他在寻找和躲藏；当开始有被迫害的感觉时，他会说谎，即他在这儿是因为他腹泻——正是其清醒状态时感到十分痛苦的事。他说这是为了逃避越来越强烈的迫害感的借口。他会把真相说成一个谎言。

梦中的一个活动是去观察其他人如何做他们正在做的事情。他将迫害与一封 W 先生的来信关联起来，好几年前 W 先生曾是他的伴侣，而且那时曾做过睪丸癌手术。W 先生因为犯罪，目前在监狱中，A 先生想象，在那里他正持续地被强暴或者被虐待。

他把勃起的阴茎看作一个攻击（被置换到那粗暴的家伙身上）或暴露的工具。透过门洞的凝视是插入。攻击性的阴茎随后与正在寻找她所没有的东西的女孩连在一起。他自己也在厕所里寻找他的部分身份。无论如何，那个周末他觉得好多了，这就是梦出现的背景。他感到好多了的、充满活力的事实，似乎也强化了其倒错运作过程，他观看阴茎，是为了对抗面对原初场景时的孤独感，为了减轻迫害，他的借口是腹泻。在这点上，愿望成形了：假如腹泻只是一个借口而不是死亡的威胁！与此同时，他却在想，什么是最具迫害性的：是身体上的疾病、腹泻，还是其内在情境。腹泻使他直面一种空洞的体验。但腹泻作为一种托词引发了内部情境中更多的恐惧。与破坏性相连的愿望本身就是一种受虐的结构，它与通过偷窃和抢夺来占有阴茎和父亲的惩罚有关。厕所代表"后面"，而后面就是犯罪行为发生的地方，行为的对象是父亲。

在分析的这个时点，幻想场景由色情录像带所代表，用来性唤起自己及当时的伴侣，即一个年轻男孩。后者曾打电话给他，说"从前面他没办法做任何事"，但是"用后面就没问题"。这是个加密的信息，其作用正如解开一系列幻想及无法自制的行为的密码。这种节制和自我约束的不可能性与其同性恋的成瘾成分有关。当他们见面的时候，年轻人主动献身于他，由于他的阳痿，他所能做的只是躺在年轻人的背上。因为无法实现阴茎的插入，他只好用手指代替。肛门的自慰使他能够占有似地进入年轻人的身体，在这个年轻人身上，他装入了自己婴儿的部分，并且攻击性地认同了父亲；这攻击性的认同位于他性无能的根源。通过将自己放入这位年轻伴侣身体里，他可能已将他转型为无能、被阉割的父亲，致使的被动性，是他自己受虐结构的外化：被处罚、阉割以及使之被动，作为一种被变成女人的方式。他感觉到不能满足他的伴侣，因此打电话给另一个年轻人，要求他过来，这样他们可以进一步发展性场景；表面上目标是满足他的伴侣，但是实际上主要是满足他自己，以观看的方式变成这剧情的导演而不是里面的演员，决定要表演的动作及每个人要扮演的角色。这个时候就是年轻人看录像带的时候，而他自己看年轻人看录像带。影片包含婴儿化的情境，可能因为压抑的失败、求助于退行以及倒错的转化而被改变。有一个影片是关于年轻人上课的学院。其中一个场景，等同于一个阶段-句子-幻想，一位少年抢劫一家屠夫的商店当场被老板抓到，老板强暴他作为处罚。年轻人的脸上明显露出了痛苦。这处罚是一种爱的施虐形式，并且也是一种通过偷窃去拥有"老板—父亲"阴茎的愿望的施虐形式。另一个场景显示年轻人参与了性游戏和性交，在这种情况下，他们是温柔的、充满爱意的。

这时，病人的年轻伴侣可能因感到挫折而开始在录像带和电视节目之间交替地"换台"，寻找一些不可能的场景。他任意地倒转和快进录像带，精神崩溃，并有了幻觉，听到透过墙壁传来的噪声；他的行为变得无法控制。这时 A 先生想摆脱他，因为无法让他走，于是自己就离开了，留下年轻人在他的公寓里。几天后他回来时，发现每样东西都"被破坏"（damaged）了，简直像一个"灾难"（disaster）（这两个词语出现在分析中，用于描述破坏行为的证据）现场：电视机和录像机都被弄坏了，家具也被破坏，香水倒泄，打破的瓶子及烟蒂将房间弄得乱七八糟。这就是在与其倒错部分接触之后他的世界状态，而后来这部分也被证明是精神病性的。

毁灭的愿望是以"杀死无生命"的形式出现的。那是他对内心状态的一种说法，当他感到极度沮丧时，他的想法由重复的影像和话语组成，时间和空间上无法动弹，无止境地被同样的疾病所侵袭，无路可出。他所在之处，由于失去内在支持而感到最无助，而那正是分析建立起来的地方，正如下面的梦所显示的（Berenstein，1995）。

他梦到自己必须去超市买东西，为了到达那里，他转进了一个通道，但却是错误的方向。当他意识到走错了之后，他把车停在了那里。等他回来的时候发现他的奔驰车已经被偷了。然后，保险公司的评估人员来了，开始填写表格。他问 A 先生："那是什么类型的车子？"A 先生回答："一台奔驰。"他假设保险公司会用一台类似的车子来替代它。评估人员说："嗯，它是一台吉普车。"病人很惊讶且恼怒地说："你是什么意思，一台吉普车？""是的，一台吉普车。"评估人员坚持道，他是个讨厌的、咄咄逼人的家伙。病人不接受，于是说："它是一台奔驰，怎么可能是一辆吉普车呢？"这位评估人员并没有回答，而是继续写字。

病人对此的联想显示，奔驰车是他想要拥有、也是一直渴望想要用来巩固其地位的车。他还联想到他所讲的"另一种对想法的窃取"，这与他的工作及竞争有关。他提到一系列有关他同性恋的事件（"contramano"在西班牙文是"错误的方向"，既可指单行道，也可指一种相反的性倾向），梦里的窃取象征一种对他的心智可能性的暴力抢夺、某些非常渴望的东西的失去、奔驰（Mercedes）作为一个女性的名字等。同时还有关于他的同性恋关系的起源及其关系中的攻击特性的联想。尽管在这次咨询中做了梦的分析工作，我仍然不满意，依然在寻找解决方法，不过病人似乎对我和他的工作感到满意。在一个可能是例行的诠释中，我说："奔驰"，然后他的回复令我惊讶，他认为我说的是："受支配"（merced de）。

这实际上是婴儿期情境在当下时刻的表征的关键。"受支配"描述了他的处境，受到无处不在且无法控制的迫害，A 先生现在称它为"病毒"，这在他的生活中有不一样的特征，有时缓和，有时却又几乎完全占据着他。他还感到受分析支配，接触到破坏性的经历和身体、心智的损害，而这些损害是与其疯狂、倒错或成瘾部分有关的。在他生命的其他时刻，他一直受到社会地位的表征的支配，社会地位的表征作为一种认同归属的形式，似乎给他提供了（自我）价值感及（自我）满足感。然而作为一个标志性的元素，它远不如那种能够促进自我稳固和支持的高度亲密及个人的情绪经验。或许分析师是梦中那位质疑这一归属感的保险公司评估人员。尽管如此，他能够做梦这个事实显示，他拥有一个精神的和具象的世界。

就像这个关于厕所的梦，梦从一个入口开始，在这个案例中是进入了超市。车子被窃代表了幼年从父亲背后偷东西的情境；他认同了这个"后面"，让自己的生命被窃取，另一个体现他受支配状态的表征是奔驰车，对它是如此渴望但又失去了。受虐的快乐假定的是一种渴望但又失去的品质，所以必须通过重复而得到恢复。

孩童时的情境明显激化了受虐癖的发生，他先尝试通过同性恋去解决，然后是双性恋，都是在倒错的基础上。然而，他发现自己陷入了一个旋涡之中，其中每一段新的剥削都强化了受虐的结构，而最终达到了艾滋病的顶峰。

受虐孩童

令人好奇的是，"一个被打的小孩"的幻想与它的实现（一个打小孩的父亲）是多么的一致。这情境已经被系统化地纳入到受虐小孩的临床症状里。它已成为教育者、律师、心理学者及涉及孩童权利维护者一个极其关心的问题。戈德堡（Goldberg，1995：20-21）给出了以下关于虐待的可怕数据："在1983年和1984年，美国所记录的个案数目是1007658件。1985年关于虐待的报告个案有170万例；其中92％的案例，施虐者是父母的其中一方，58％是剥夺或疏忽类虐待，25％～40％是身体虐待（1983）。大约2％是性虐待……根据教育部门的统计，从幼儿园到初中，校内体罚的次数超过100万次。"

虽然弗洛伊德的文章向我们展示的是在幻想的内部空间里的主体，但是，当真实外在世界通过一个打人的大人——通常是父亲、母亲或另一个重要的人——而侵入时让我们接触到的是另一个世界。尽管殴打的行为看起来跟幻想中的场景一样，但它实际上是在另一个场景中执行，即使人就是幻想中的人物，因为常会涉及父亲这一人物，但这里遭遇的是一个真实的人。小孩不再是幻想者，而是成为了受害者，父亲不再是一个内在场景中欲求的人物，而是当下对受害者施与处罚的人。施与处罚的人如此做是出于一种过度的兴奋；暴力的程度要么超出小孩的负载，要么超出小孩赋予其意义的能力。它闯入了他的心理世界，并在里面成为了一种自身存在的东西，没有意义可以赋予它，且不能轻易地被转化。小孩无法约束它，因此，它经常会产生一种行为形式的记忆，而不是一个有意义的事件。结果，小孩变成了对其他小孩施暴的罪犯，或等到他有了自己的孩子后，对他重复这种无约束的过度行为。许多打小孩的父亲，自己就曾是受虐孩童。方向改变了：纵使本书的主题，即幻想，是关于主体的受虐欲望，但在一个被打小孩的真正情境中会同时牵涉到父亲想摆脱刺激的愿望以及他同母亲的关系，这个母亲旁观了这一场景，却没有真正地看到它。以这样的方式，父亲将这些家族和他人的虐待特质转移到儿子身上，这是由自己的父亲及一种传递暴力符号的文化双方共同造成的。

当被成人殴打，次发地投注为受虐癖时，可能会形成了一种表征，其中指向父亲的愿望是存活的终极表达，这必定导致了压抑的失败。真实的殴打是一种由父母执行的肌肉运动，通常是父亲，他并不知道他正在传递的是他与自己父亲的特定关系，而他本人通常就是被打的对象。这里，我们有一个跨代际的认同模式，这种模式在父亲的心中产生了一种对小孩不利的命令。在某种程度上，这可以被视为父亲的婴儿部分，认同于挨打的小孩上。

《一个被打的小孩》的幻想结构及真实的受虐小孩的结构

每一种连结都是建立在我-他人（I-other）的关系基础上的，带有一种外在性的特征，是主体跟一个与主体的自我不类似的、外来的、不可能等同于的自我之间，或跟一个同于他人自我的自我之间的关系；意义必须由双方来赋予（Berenstein，1995）。殴打的目的是想要把小孩变成类似于打人者自己本人，正如父亲成为了一个类似于自己父亲的人。在这样的情况下，连结退行了，小孩并没有被作为他人（other）所接受，父亲企图将他转变成一个内在客体关系的延伸。假使小孩哭泣或没有表现得像父亲希望的那样，父亲就打他，把他视作一种无法忍受的刺激、无法忍受的他人，而要他沉默并压制他。无论如何，那就是我们所称的一个客体的性质，所以，我们再一次是在幻想的世界里而不是与他人连结的世界里。然而，这个小孩仍然会继续寻找一个作为他人的父亲。

下面的假设似乎是有效的：这一连结无论如何必须被保留下来，不惜任何代价，甚至是牺牲自我本身。在这种情境下，与他人的连结不能被放弃，即使处罚及伤害来源于那个连结，因为在这之外是空虚，然后是死亡。这大概就是为何放弃这种连结如此困难的原因了，尽管保持它意味着大量的不快乐和痛苦。虽然快乐原则——或者是超越快乐原则——统治着内在世界，但假如主体在与他人连结，在连结世界里占主导地位的就是介于不同于他的他人的强加（imposition）与同时不可能不接受那种强加之间的矛盾，因而会有发生暴力的可能性。这关联到经由一个孔口（orifice）进入他人身体的行为，根据退行的程度，孔口可以有两种次形式。第一种形式是经由自然的孔口，包括乳头进入口腔，或母亲或父亲的影像进入眼睛，以及阳具进入阴道或肛门等一系列现象。这里的强加仍然尊重幻想的限制以及它与现实的关联。另一种形式与暴力相连，是通过一个非自然的孔口的插入，其中又有两种次形式：原先有的开口，虽然形成关闭的门，但被插入的行为所侵入，或者是表面被打开一个孔口，如在受伤或谋杀等极端的情况下。在这里，自我已经无法容纳客体关系，于是也无法忍受与他人的连结，并将他人毁灭。如果一个成人与一个小孩对于主体作为一种实体感到混淆的情况下，结果就是我们所称的性虐待。那就相当于在没有孔口的地方开出一个口，在肛门、阴道或皮肤上，是小孩的皮肤承受着处罚、殴打或虐待的痕迹，作为肌肉运动的强加，而这不是小孩想要也不是他要求的，因为处罚从不与自我平等。情况可被描述为，一个大人驱逐（expulsion）了他的快乐，并引入给了一个小孩，但这更接近于对处罚的继发性性欲化（a secondary sexualization of the punishment）。它可能会和小孩对这位父母的寻找相混淆，不管怎样他都会继续寻找，因为他的生存依赖于这位父母。这个寻找可能会纳入一种命令的形式——"我必须忍受被打"——然而这会引向死亡，而远离力比多投注的方向。殴打在其内部空间可能是性欲化的，并与原初受虐的快乐联系在一起，现在这种快感被转化为投注到处罚或殴打之上。表达愿望的话会是："因为他爱我，所以他打我"，这里的自我犯了一个判断错误，具体来说是归因错误："当他处罚我的时候，他是爱我的""我接纳他，因为我相信这不好的事是好的"。自我错误地把不好的看成是他自己（而不是对主体来说的外来的），以及这不好的与内部的（而不是那些外部的）是一样的。这就导致了对于存在的一种错误判断：这个好的父亲，一个被欲求或需要的象征，并不能在真实的外在世界中找到，所以也是不能避免的。施虐的父亲不只是后来被"好的"外在父亲修改的内部幻想。这会导致一种内在与外在之间界线的模糊，以及明确的"现实-自我"的形成失败。

在父亲身上，处罚是因为无法忍受儿子的相异性，一种极端的不宽容使他将儿子不同于他的地方，转型为在婴儿期水平类似于他自己。这种投注假定了一种占有的形式："他是我儿子，我可以在他身上做任何我喜欢的事或任何我想做的事""他是我的，因此我的愿望就是权力"。因为他不能没有他，而他必须做点什么，他决定去消灭或压制作为他人的他。当小孩哭、要求、要东西或不听话的时候就会被处罚——也就是，当他宣称自己是他人的时候。打人的父亲知道他在打人吗？他正在违反一种文化的禁令吗？一种"你不可以"（thou shalt not）？或者，相反地，他在将文化的符号转型成暴力，作为一种明确的"现实—自我"的替换结果吗？或许，和别的领域一样，文化传达了两种矛盾的命令：一方面它制定了一条法律，而另一方面它却在敦促违反法律。一些人觉得这信息是"正应该这样"去扶养及教导一个小孩。两个矛盾的禁令在这里起作用："你不可以"，而与此同时，"每个人都这样做"。

这是一种无意识的误解，导致了文化禁令叠加在一个无意识行为上，使自我处于不能不去执行它的状态，就好像它是从内在强加的。不可能不去执行这些动作，而自我却对这"禁令"一无所知；对自我而言，那只是事情本来的样子。打人的父亲也是在传递一种不对等的情境，即当他被自己的外在环境虐待时也不能做出任何反应，因为那将是一种刑事犯罪。

这打人的父亲可以被认为曾暴露在由一些阶段及句子组成的一系列场景中。首先："我看到这'情境'（如他称的那些发生于外在世界的）是如何虐待像我一样的他人的。"然后是转变后的一段话："这虐待使我感到无能和无助，就好像我是个面对着一个大人的小孩一样""我的父亲以前打我，并告诉我那是他把我抚养长大的方式；既然他说他爱我，我就必须忍受它"，接下来"我依赖我的父亲就如同我依赖我的社会环境一般"，现在来到的是最意识化的时期："父亲打在小孩的身体上"——因为他不听话，或为自己要求某些东西，而忽略了父亲的要求。这系列阶段显示，与他人的连结退行到客体关系，从当中获得构成这类关系所需的成分。有一种从"不同"到"相似"的转化：那些属于主体的被放到他人身上。这些社会和其他形式的虐待的感觉及景象——不可能不去感觉和看到这些——通过转向他人和重现殴打孩子的行为，已在一些主体中被合并和转化了。社会的虐待通过强加机制被合并到自我中；它必须被接受或拒绝，因为自我没有其他方式处理它。自我作为一种机制，属于一个连结，对自我来说这是一种关系的形式，这个关系中的他人是不能等同、转化或认同于自我的，因而自我也无法认同他。但是，这个连结却是必须不计任何代价也要保留下来的。被强加的东西就像"被赋予"一般铭刻到心理装置内，再也不会被质疑。

为何他人的强加会被接受呢？是因为自我的构成依赖于此，通过感觉到归属感以确保必须永远不会被抛弃，否则就会遭到无法生存的威胁，主体没有约束和自我瓦解的威胁。在婴儿的性欲世界中，男孩面对着被阉割的威胁，因而放弃了和母亲的情欲连结，将她转为一个内在的客体，因此挽救了自己的阴茎，这就是他所被威胁的。在外在世界中，他放弃了他的部分自我，通过接受他人的强加，使其他部分免于被毁灭，这都是他参与到连结中的结果。

俄狄浦斯情结是开幕时刻，其作用来自于由客体关系运作的一个心理部门，带着内在过程的逻辑及幻想的结构，而另一个部门则通过与位于外部世界的他人连结的方式来运作。今后将有可能从一方移动到另一方。

参考文献

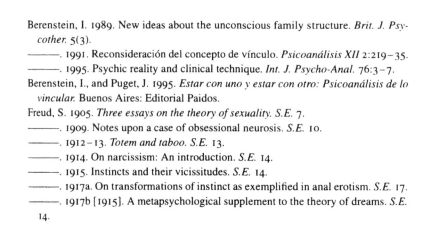

Berenstein, I. 1989. New ideas about the unconscious family structure. *Brit. J. Psycother.* 5(3).

———. 1991. Reconsideración del concepto de vínculo. *Psicoanálisis XII* 2:219–35.

———. 1995. Psychic reality and clinical technique. *Int. J. Psycho-Anal.* 76:3–7.

Berenstein, I., and Puget, J. 1995. *Estar con uno y estar con otro: Psicoanálisis de lo vincular.* Buenos Aires: Editorial Paidos.

Freud, S. 1905. *Three essays on the theory of sexuality. S.E.* 7.

———. 1909. Notes upon a case of obsessional neurosis. *S.E.* 10.

———. 1912–13. *Totem and taboo. S.E.* 13.

———. 1914. On narcissism: An introduction. *S.E.* 14.

———. 1915. Instincts and their vicissitudes. *S.E.* 14.

———. 1917a. On transformations of instinct as exemplified in anal erotism. *S.E.* 17.

———. 1917b [1915]. A metapsychological supplement to the theory of dreams. *S.E.* 14.

————. 1917c [1915]. Mourning and melancholia. *S.E.* 14.

————. 1918 [1914]. From the history of an infantile neurosis. *S.E.* 17.

————. 1919a. A child is being beaten. *S.E.* 17.

————. 1919b. The "uncanny." *S.E.* 17.

————. 1920a. The psychogenesis of a case of female homosexuality. *S.E.* 18.

————. 1920b. *Beyond the pleasure principle. S.E.* 18.

————. 1921. *Group psychology and the analysis of the ego. S.E.* 18.

————. 1924. The economic problem of masochism. *S.E.* 19.

————. 1925a. Negation. *S.E.* 19.

————. 1925b. Some psychical consequences of the anatomical distinction between the sexes. *S.E.* 19.

Gay, P. 1988. *Freud: A life for our time*. London: Dent.

Green, A. 1980. La mère morte. In Green, *Narcissisme de vie, narcissisme de mort*. Paris: Editions de Minuit, 1983.

Goldberg, D. 1995. *Maltrato infantil. Una deuda con la niñez*. Argentina: Editor Urbano.

Jones, E. 1957. *Sigmund Freud: Life and work*. Vol. 3. London: Hogarth.

Kinder, H., and Hilgemann, W. 1973. *Atlas histórico-mundial*. Madrid: Ediciones Istmo.

Puget, J. 1995. Vínculo—relación objetal en su significado instrumental y episte-mológico. *Psicoanálisis XVII* 2:415–27.

《一个被打的小孩》
在学习与教授弗洛伊德理论中的特殊地位

丽芙卡·R. 艾菲尔曼❶（Rivka R. Eifermann）

在接下来的内容中，我展示了在准备一场关于弗洛伊德文章的研讨会上，我是如何最终转向从一个特定的、也许是特殊的角度来看这篇文章的。从这个角度出发，我研究了弗洛伊德1919年的文章和安娜·弗洛伊德1922年所写的相关文章之间的关系——两者都处理了同样的主题，而且都是在安娜·弗洛伊德与父亲进行分析的那几年写的。我认为，这种关系，以及通过它所表达出和透露出的东西，使弗洛伊德的这篇文章在其所有著作中处于一个特殊的地位。最后，我简短地评论了——鉴于上面提到的研究——在我们的精神分析机构中教学研讨会中所涉及的一些复杂过程，此外，那也是一个分析师-受训者与分析师-老师之间互动的地方。

这篇文章是要纪念雷吉娜·黑斯勒（Regine Haesler）博士，一位特殊的朋友。

准备阶段

环境、设置及参与者

参与本书编写的分析师是被邀请"去写关于弗洛伊德的《一个被打的小孩》，就像他们在做一场有关这篇作品的教学研讨会一样"。在对于邀请的

---

❶ 丽芙卡·R. 艾菲尔曼（Rivka R. Eifermann）在学术界为副教授，于耶路撒冷的希伯来大学心理系服务，并且在以色列精神分析机构中负责训练及督导分析师，曾经担任过以色列精神分析学会会长。

以下回应中，我从那封信中所建议的位置来写这篇文章的第一部分，从被邀请在我的机构举行这场提议的研讨会时开始❶。在这样的情况下，我假设我将描述一个并不陌生，或许是相当常见的情境。

尽管我喜欢教学，对于被邀请也很高兴，但我收到这邀请时产生了复杂的感觉，我对是否要接下这个特别的任务感到犹豫。事实上，由于我已经写过关于安娜·弗洛伊德的文章《挨打幻想与白日梦》❷，我应该很熟悉弗洛伊德的文章，但我觉得我无法回想起任何细节。我重新读了这篇文章，仍然没有灵感。在我心中更感兴趣的是一些其他的议题，而且我还有其他需要关注的事情。除此之外，我也不认识我所要教课的班上的人。不过，因为多种不同的原因，我并没有马上拒绝，然后，在相当大（及友善的）压力下，我接受了。接受之后，我又对另一个承诺感到有负担。整个文章我又读了一遍，现在感觉自己被这个新增加的任务困住了，并不情愿走进去。

尽管如此我还是尝试了。仔细阅读引起了一种不舒服的感觉，觉得这篇论文不容易理解。我在弗洛伊德的理论论证思路中遇到了不一致和循环（譬如，有关倒错形成中先天体质所扮演的角色），以及在他努力定义自己的概念时的不一致和循环（譬如施虐癖与受虐癖）；当他不能按照他声明的方案去做的时候，我需要重新定位自己（譬如，他把研究局限于只考虑其女性个案，但是后来他又同样地讨论其男性个案），而且令我感到烦扰的是，我必须在记忆中保留一些细节，直到文章的后几页，弗洛伊德才最终"明白了"它们的意义（譬如，挨打幻想三个阶段的顺序及内容）。我觉得这篇文章需要相当多的编辑：它算不上是一篇歌德文学奖的作品。

我越研究这篇文章，越质疑让精神分析受训者去读它的必要性，甚至是适当性：当然，在任何弗洛伊德作品的阅读名单中，《一个被打的小孩》几乎不能被认为是高优先级的。此外，询问我们机构的同事及学生对这篇文章的熟悉度，从另一个角度印证了我的这个看法：当我发现虽然大家都非常熟

---

❶　这实际上有点勉强，因为我们的机构并没有把特定的论文作为一门特定教学课程的必读书目的传统（除非它是一门比如关于弗洛伊德的临床论文的课程）。

❷　见 Eifermann,1996a；Eifermann&Blass,1992。安娜·弗洛伊德把她的论文看作对弗洛伊德 1919 年论文的"一个小贡献"。

悉这篇文章的标题，只有被问的少数人记得它的内容时。我怀疑我揭露出了弗洛伊德一个不寻常的缺乏掌控之处，考虑到我们机构的学生不可避免的紧凑课程和都很重要的"基本阅读"，似乎让学生阅读一个更宽泛的适当的弗洛伊德论文摘要，要比把宝贵时间花在阅读原文上更有意义。

同时，研讨会日期的接近令人不安，我确实一读再读了这篇文章，并（借助标准版的索引）探索了弗洛伊德之前和之后沿不同主题的著作，这些著作都是与此篇文章主题相关或是那些在我心中被唤起的。除此之外，我也读了那些弗洛伊德刚好写在《一个被打的小孩》之前或之后的文章；我尝试去识别其直接关注点及当时的困顿挣扎，以及为自己澄清弗洛伊德在写这篇文章时的地位和他在不同问题上的想法，并且确认在他其他文章中的主题及理论上类似的考虑。我一读再读了很多写在弗洛伊德之后的关于受虐癖、施虐癖、施受虐癖、倒错、压抑、孩童期失忆症、兄弟姐妹关系、无意识幻想、挨打幻想的文章；所有这些活动都激发了我对各种理论及实践的重新思考，尤其是关于我过去和现在的病人，甚至是我自己的分析及自我分析。

一如既往地，我发现抱着教学的目的而学习，对于大量、高效的工作是一种优秀的推动力。事实上，我一直都意识到促使我接受这个教学任务的部分动机也是这个理由。当然还有另外一个理由：总的来说，我非常喜欢教学，我很有兴趣探索一些问题，例如，我们作为精神分析师的经验有哪些是可以应用在教学情境中，以及如何应用这一经验（Eifermann，1993）。在研讨会演讲的邀请中，强调这个研讨会应该以"教学形式的演讲"来进行，这是一种令人鼓舞的、非常罕见的能体现此方向的兴趣表达。

上面我说过我不认识这个班里的人。在准备这次研讨会时，我心中所想到的，就是一次"典型"的精神分析受训者课程，包括我自己也是候选人之一。我假定参加者为了即将到来的研讨会，虽然读了指定的文章，充满良好的意愿，但是由于负担过重，所以没有研读得很深。尽管如此，研讨会的部分参与者可能还是从这篇文章中有所启发。它或许使他们联系到一些关于其个人的或其某位病人的事情；或者是他们可能从历史的角度对弗洛伊德思想的发展在这篇文章中的踪迹很着迷——例如，后来形成"超我"概念的早期征象。

开幕

　　无论如何，谨记于心的情形是，大部分参加者对这篇文章只有一般的掌握，不太可能有过度的热情，我可能会用一个引导大家普遍参与的问题来开始这场研讨会，即分享关于他们当临床医师的个人经验，他们是否曾在自己的临床工作上遇到过挨打幻想。弗洛伊德相当惊讶地发现，"在那些由于歇斯底里或强迫性神经症而来寻求精神分析治疗的人当中，会多么经常地承认自己曾经沉溺于这幻想"——一种在其高潮时会引发自慰满足的幻想——假使研讨会的人能报告一个类似的倾向，我会感到相当惊讶。我自己的，还有我询问过的同事的经验以及文献报告，让我预计研讨会的大多数参加者只有极偶然地碰到过带有此类幻想的病人。我的问题可能会引导一些参加者将我们的注意力转向弗洛伊德的文章，并指向弗洛伊德在第一部分中提到的关于意识层面挨打幻想经验的一般性观察，作为与临床情形的区分。弗洛伊德在后面部分具体说明了挨打幻想的各个阶段，是他在分析中发现的，尤其第二阶段——"一个分析的建构"——是其理论建构中最重要的部分。

　　于是，这场会议开始考量挨打幻想的事实，其中涉及弗洛伊德的经验主义立场，即精神分析理论是"一种基于观察的理论"。在这个时候，为了带给参加者最新的资料，我可能会在讨论上提供一些关于挨打幻想的后弗洛伊德文章的资料。我发现作为开始，首先关注到诺维克（Novick，1972）等人的第一个对孩童挨打幻想的研究，十分具有启发性。那些是在汉普斯特德诊所（the Hampstead Clinic）接受治疗的孩童，并被记录在它的精神分析目录中：

　　我们发现挨打幻想很少在小孩的精神分析资料中扮演一个重要的角色，例如记录的 111 个个案中，只有 6 个曾说有挨打幻想。这并不排除它们是种普遍现象，但是它的确暗示了挨打幻想仅仅在少数个案中扮演了一个重要的或明显的角色。在小孩的前潜伏期（pre-latency）并没有挨打幻想的报告，而后来的发生率大约平均分布于前青春期及后青春期。他们进一步说："随着俄狄浦斯情结的部分解决及超我的形成，这些小孩进入了潜伏期，直到那一刻，我们所称作的挨打幻想才会出现在一些女孩身上……性兴奋及自慰渐渐地从幻想脱离，愿望也以越来越远的形式出现。"

我将进一步指出，在这一点上，诺维克把幻想的定义限定为意识上的白日梦，但却论证，由他们的发现显示，在俄狄浦斯期后，"挨打的欲望，代表俄狄浦斯的欲望，或者可以被意识化"，而那段时间也正是挨打幻想出现的时候——对立于弗洛伊德所认为的更早的时间。我越是仔细思考通过孩童观察及成人儿童的临床发现所得的现有资料，情况就变得越复杂。那么，我可能要问，是什么使弗洛伊德这篇如此有历史价值的论文，会被推荐为这次研讨会的核心阅读文章呢？

探索"隐藏"的轨道

转折点

现在，我想离开我想象中的研讨会。我意识到这样的计划我无法在实际情形中执行。对参加者所说的话持开放态度，并试着将他们所说的纳入考量，这是我喜爱的教学方式中很重要的部分，而任何继续编织想象研讨会细节的尝试，都注定会在我实际的讲授中失败。稍后我会回到教学这方面。

无论如何，对于我停下已经开始的任务，其更直接而相关的原因，是我已经察觉到，或许并不惊讶，我已经在我想象的研讨会兜了一圈回到了原点，几乎又自动地回到了研究今天这篇文章的重要性问题上，当我引用诺维克的话时，事实上我已经开始展开我自己对这个问题的独特答案，对我来说，这仍然是当需要精读时的主要牵引力量❶。诺维克的这篇文章让我回想起了我对于安娜·弗洛伊德的第一篇论文——（她 1922 年的候选资格论文）的想法。虽然弗洛伊德在 1919 年发表的有关挨打幻想的文章，被认为是他关于倒错、施受虐癖思想的一个里程碑，但对我来说，它值得被特殊及

---

❶ 精神分析受训者觉得他们拥有的自由，实际上是被给予、去积极追求他们对所阅读内容的兴趣的自由，这与教师能够允许自己拥有自由的问题有关。

具体关注的地方，主要在于它跟安娜·弗洛伊德的第一篇论文之间的关系。这两篇文章之间的复杂关系，以及通过它所表达和传递出的信息、它对一般分析实践的潜在影响、它对我们机构教学实践的作用都是所涉及的问题。我现在选择不再摒弃自己特有的兴趣，就好像它是"不相关的"，也不再让涉及的问题保持"隐藏"（Gardner，1994）；而且，冒着从我所承担的任务中脱轨的风险，我现在选择把对"隐藏问题"的探索放在舞台的中心位置。接下来，我将对这些问题进行初步的、说明性的讨论。

一篇遗漏的参考文献

我从上面中断之处，即诺维克 1972 年的文章开始。这篇文章是基于对来自于安娜·弗洛伊德的汉普斯特德诊所中所有可获得的和索引里的临床材料的研究（正如弗洛伊德 1919 年的文章是基于其诊疗室的所有可用的数据一样），除此之外，文中也提到了该领域的其他研究。因此，似乎值得注意的是，在这篇文章里并没有引用安娜·弗洛伊德 1922 年的文章，即一篇关于挨打幻想与白日梦的最详细的研究——是安娜·弗洛伊德论文在分析"一个女孩"时所呈现的核心主题。由于安娜·弗洛伊德主动地参与了诺维克此篇文章的完成，作者们在他们的致谢中还感谢她"给了许多有益的建议"，这个遗漏就显得相当明显了。该遗漏也许可以被解读为与这一事实相关，即诺维克呈现出的数据偏离了安娜·弗洛伊德的文章的核心内容。诺维克认为通过俄狄浦斯幻想，挨打幻想与后来的白日梦之间，保持着一种清晰的关联，白日梦具有性欲化的特质，虽然比挨打幻想更轻微。而另外，安娜·弗洛伊德（在她 1922 年的文章中）拒绝这种关联的存在，将白日梦（或"美好的故事"）归为一种"升华的"功能，"是各种温柔和深情在萌芽的表征"，对比于挨打幻想，后者则是"一种无休止的感官爱表征的伪装表征"。

弗洛伊德在 1919 年文章中所呈现的观点与诺维克一致。他认为四个女病人中的两位出现的白日梦是"一个精致的上层结构"，它的功能是"使一种满足的兴奋感成为可能，即使自慰的行为被放弃"。似乎在女儿和父亲之间的这场争论中，安娜·弗洛伊德最终意识到她父亲的观点赢得了胜利，正如其汉普斯特德诊所提供的资料所证实的那样。

安娜·弗洛伊德并没有明言她 1922 年的文章与弗洛伊德的文章之间有争议。几乎与此相反，她把她的文章作为对父亲 1919 年文章的"一个小贡献"。此外，在这篇文章原本的德国版本开头的绪论中（从 1923 年和 1974 年的英文版本中删除），她承认自己宁愿继续保持沉默。她把打破沉默归因为维也纳精神分析学会的"严格规则"，不允许她再继续其"消极的旁观"：因为安娜·弗洛伊德正在谋求成为维也纳学会的会员，而这是她的候选资格论文。

从一个特殊的角度来看弗洛伊德的文章

安娜·弗洛伊德并没有保持沉默这一事实，使今天的我们有可能从一种通常无法获得的角度来思考《一个被打的小孩》，而安娜·弗洛伊德的文章就是对它的回应。因为在写这些文章的几年，安娜·弗洛伊德正接受她父亲的分析❶。正如下面我将要详细说明的，这一分析的中心是安娜·弗洛伊德的挨打幻想，尤其是她的白日梦。这一点在扬·布鲁尔（Young-Bruehl，1988）关于安娜·弗洛伊德的传记中有所展示，并且布拉斯（Blass，1993）也在对安娜·弗洛伊德文章最近的十分卓越的分析中，做了更进一步的令人信服的阐述。

因此，弗洛伊德与安娜·弗洛伊德之间的"争议"，可能被视为这不寻常分析的一部分，那时第一阶段分析刚刚结束或即将结束。布拉斯所描述和分析的安娜·弗洛伊德与父亲的"对话"，她整个文章中的"创造力的挣扎"，或许可以进一步被视为是她与弗洛伊德分析的各种意识或无意识经验的一种行动化（enactment）。在她的写作中，她拒绝了父亲作为分析师对白日梦的诠释，即他认为白日梦被蒙上了对他们潜藏的性欲的内疚感——这是弗洛伊德在文章中表达的对其病人白日梦的观点——因此，她的此种拒绝

---

❶ 根据她的传记作家扬·布鲁尔（Young-Bruehl，1988）所述，她接受弗洛伊德的分析分为两个阶段。第一阶段始于 1918 年的秋季："秋天，他每周有六天，每天固定 1 个小时见他的女儿——而后来当他的临床工作从战时状况中恢复过来后，他在排满的日程之后见她，晚上 10 点钟"，并在"大约 1922 年的春天"结束。这一近 4 年的阶段之后，第二阶段从 1924～1925 年又进行了大约 2 年。

被认为是一种"创造性阻抗"（creative resistence）（Eifermann，1997）。

若从弗洛伊德写这篇文章时所进行的这种特殊分析的角度来看，在那个分析中，实际的和相互的行动化会很大程度上代替移情和反移情，他的论文可能也会被认为带有那个分析的冲击。那些在弗洛伊德的讨论中出乎意料地遗漏的问题，以及那些受到格外重视的问题，都可能反映了这篇文章创作时的特殊情况［（在最近的一篇文章中，我详细说明了关于在精神分析写作中遗漏及掩饰方面的问题（Eifermann，1996b）］。

弗洛伊德在这篇文章中的看法，主要是来自于他的四名女性和两名男性的分析个案，除此之外，"还有更多没有彻底调查的个案"。扬·布鲁尔（Young-Bruehl，1988）暗示"第五个个案听起来很像安娜·弗洛伊德……但是第六个病人没有被直接描述，而这可能标志着弗洛伊德在用沉默保护他女儿的隐私"。但是，当他在使用所有可用的资料时，安娜·弗洛伊德的个案无疑同样在他的脑海中。而且，他必定知道她会读他的文章。所以可以毫不牵强地假设这些事实影响了他的想法和作品，也可以很合理地推测他的女儿是其个案之一这一事实，他意识到了其不寻常的影响。早在二十多年前他就表达过他对与他关系密切的人的敏感，所以在他的发现及理论中可能隐含了他们。因此，假如继续坚持他所谓的诱惑假说，那他自己的父亲也会被控诉，他在考虑拒绝这一"假说"时，提到了此种可能性的不合理。1897 年 9 月 21 日他写信给弗利斯（Masson，1985），他向朋友吐露说："我不再相信我的神经症了……令人惊讶的是，所有个案的父亲，不排除我自己的父亲，都必须被控诉有倒错问题，这实在不合理。"值得注意的是，虽然当时弗洛伊德自己已经是一个父亲了，但他只提到自己的父亲。

偏见、去强调及过度强调：实例说明

无论弗洛伊德多么敏锐地察觉到在当时特殊的情况下写此文章所涉及的复杂性，这些影响仍然不能完全避免，弗洛伊德也不一定希望在每一种情况下都避免这些影响。以下是对其文章的例证，表明其中哪些似乎是一个错误假定，哪些是与讨论主题有关而被排除或遗漏的，哪些降低了其他问题的重要性，以及哪些又是过度强调了另一个问题。我会指出这些偏见是如何和那篇特定文章当时的写作环境相关的。

将特权地位给予最小的孩子。 弗洛伊德意识到并且也担心他经常承认的、对他最小女儿深深的依恋，他同样没有无视牵涉在其关系中的错综复杂性。扬·布鲁尔，安娜·弗洛伊德最近期的传记作者，引用了弗洛伊德在1922年3月13日写给卢·安德烈亚斯·萨洛米（Lou Andreas-Salomé）的信："我也非常想念女儿安娜❶，她在3月2日出发前往柏林及汉堡。长久以来我对她仍留在家里和我们这些老人在一起感到抱歉……但是，另一方面，假如她真的要离开，我会像现在这样，觉得自己好像被剥夺了什么，而我也应该要这么做，就像假如我不得不戒烟一样！只要我们还在一起，没有人会清楚意识到这点，或至少我们没有。因此，考虑到所有这些无法解决的冲突，生命在某时或其他时候结束，反而是好的。"（Young-Bruehl，1988：117）

在《一个被打的小孩》中，弗洛伊德表达了一种观点，几乎无法被保留为一个一般性法则，是有关于父母"总是"把特殊的感情给予他们最小的孩子：这小孩"把父母的注意力吸引到自己身上，因为父母总是盲目地偏爱最年幼的孩子，这是一幕无法回避的壮观场景"。这个不合格的主张，似乎是弗洛伊德的一个盲点，与自己作为父母和小孩的经验相一致〔自己作为他母亲的最爱——自从他的弟弟朱利叶斯（Julius）在婴儿期夭折后，他就是最小的小孩了〕。似乎可能的是，当他对女儿的俄狄浦斯愿望维持一个分析性的立场时，以及当他反对安娜对她自己情境的诠释时，他特别想提醒自己及读者（包括安娜·弗洛伊德），他对女儿的爱是显而易见的。这不需要是一个完全有意识的举动，接下来产生的错误或偏见也不必只限制在弗洛伊德在这篇文章中的观点。然而通过考量文章写作时周围的环境，可帮助我们把焦点放在促成此作品的动力上。

下面我再举三个例子，来说明各种类型的偏见。在陈述完例子之后，我将详细说明弗洛伊德写这篇文章时，其特殊的环境——潜藏在父亲-女儿分析过程下的特殊的交织互动及彼此的行动化——是如何促成弗洛伊德发展了

---

❶ 这是在他们的书信中称呼安娜·弗洛伊德时使用的名字。

他当时使用及倡导的"主动性"技巧的。当然，这个技巧并不是专门用于这一分析的：弗洛伊德同样也用它来分析其他病人。无论如何，在我们考量的这个分析中，这两篇论文的可用性使我们可以更近距离地观察到牵涉其中的动力。如我将要展示的，这个研究会向我们阐明动力是如何影响技巧的。比起动力只有通过移情及反转移情来表达的分析，在这个最不寻常的分析中，父亲-女儿间的动力更直接、也更强而有力，极有利于辨识这些影响。首先补充三点说明。

缺乏对原初场景暴露的参照。在弗洛伊德的文章中，缺少任何涉及小孩暴露于原初场景时可能产生的影响，这是很不寻常的❶，特别是一些后来的学者在处理挨打幻想这个主题时（例如，Kris in Joseph,1965；Novick et al.,1972；Myers,1981；Chasseguet-Smirgel,1991），都会理所当然地引入这个方面，而他们这么做也是依赖于弗洛伊德1908年发表的作品《关于儿童的性理论》（*On the Sexual Theories of Children*），比这篇挨打幻想文章早了十多年。查舍古特·斯密盖尔（Chasseguet-Smirgel,1991）在最近一篇《倒错中的施受虐癖》（*Sadomasochism in the Perversions*）的文中评论："我认为在弗洛伊德1919年的《一个被打的小孩》文中的主题发展上，有必要引入一种施受虐的原初场景幻想。"把弗洛伊德在1908年文章中表达的看法和他1919年研究的背景相联系，是符合弗洛伊德的思考方式的，梅尔（Myers,1981）在描述弗洛伊德挨打幻想的三个阶段时，把这种相互参照归功于他。描述弗洛伊德的第二阶段幻想时，他说："弗洛伊德发现被打的受虐欲望，是女孩想要与父亲性交的生殖性愿望的一种退行表达。这种愿望的形式是由她将性交定义为一种父亲的施虐性攻击所决定的。"

诺维克等（Novicks，et al.，1972:238）在我上面引用的那篇文章中，也做了这样的联系，提到弗洛伊德1908年的文章，用来支持那些来自于汉普斯特德索引中的发现："普遍被接受的说法是，小孩形成了一种性交的施虐理论（这里引用了弗洛伊德的文章）……是经由这样的性交施虐理论，使

---

❶ 弗洛伊德在后来的一篇论文中提出了这个问题（Freud,1925：250-51）。不过，弗洛伊德后来的发展与本文所讨论的主题没有直接关联。

挨打愿望性欲化。"事实上，弗洛伊德自己在 1908 年的文章中表达的比诺维克提示的更为具体和谨慎。他讨论了孩子持有的一些可供选择的性理论，其中一个为"假如经由某些偶发的家庭事件，使他们目击了父母亲之间的性交，小孩就会产生这样的想法"；在这种情形下，"他们采取了一种或许可称为性交的施虐性观点（a sadistic view of coitus）"（Freud，1908：220）。弗洛伊德发表于 1919 年的"狼人"个案中，正是他的挨打幻想论文发表的同年（虽然他 4 年前就写了这个个案），也暗示了这样的历史。然而，在《一个被打的小孩》中并没有提到性交施虐理论的这一来源。

降低了对"性"的强调，并将母亲排除在外。与这一缺失相关的部分是弗洛伊德降低了对早期阶段的挨打幻想在性方面的强调，并排除了任何母亲可能在幻想形成当中扮演的角色。在文章的第一部分，弗洛伊德探讨了真实被打或是曾经目睹其他小孩被打的情形，对挨打幻想发生的可能作用。在这里弗洛伊德只聚焦了目睹其他小孩被打的情况。而第四部分又再次强调了这一受限的角度。在那里弗洛伊德表示挨打幻想是基于小孩在托儿所里的经验（而不是在父母亲的卧室里），并且它们只与兄弟姐妹的竞争相关；就是在这里，对父母而言，最年幼的孩子的特权地位被显现出来。此外，他坚持说："挨打幻想跟女孩与其母亲的关系并没有关联"，他断定被父亲打意味着羞辱及爱的剥夺，因此，假如那个可恨的兄弟被打，意思是"我的父亲不爱那个小孩，他只爱我"❶。我们应该再次注意到，弗洛伊德描述性交施虐理论为暴露于性交场景的结果，发生在俄狄浦斯期之前（Freud，1908：221），狼人的孩童期经历中也存在同样的情形。

弗洛伊德因此降低了对早期挨打幻想性方面的强调，而把竞争父亲的爱仅限制在托儿所的环境内，将母亲排除在外："这个幻想显然满足了小孩的忌妒，且依赖于其生活的情欲方面，但也会被小孩的自我中心式兴趣（child's egoistic interests）有力地强化了。所以，人们对这个幻想是否应该被描述为纯粹的'性欲性的'怀疑依然存在，而且也不能冒险地将它称之为'施虐性的'（正如先前所解释的，因为幻想中的殴打不是由小孩本人来实行的）。"相比之下，后来的学者（包括从安娜·弗洛伊德通过诺维克等人）重

---

❶ 他相当不一致地在 2 页后，把这第一阶段的幻想称为"乱伦爱阶段的幻想"。

新介绍弗洛伊德的早期想法并证实它们时，修正了这种强调的减少。

强调挨打幻想第二阶段的无意识本质。弗洛伊德认为挨打幻想的无意识的第二阶段，是"所有阶段当中最重要也最关键的"，他坚称"从某种意义上说，它从未真正地存在过，它从未被忆起，也从未成功进入意识层面。它是一种精神分析的建构，但即便这样，它仍然是一种必然"❶。尽管这样，这个无意识阶段还是被后来的学者淡化到了忽略的地步，甚至是当他们在引述弗洛伊德的挨打幻想的三个阶段时。

安娜·弗洛伊德的确呈现了弗洛伊德所描述的几个阶段，可是当描述"那个女孩"的分析时，她并没有提及这揭露了一个这样的无意识阶段。她只是说内疚感在"小孩中也同样地"（德文版中）直接附着到后来的意识幻想里，意识幻想"被弗洛伊德以下面的方式来解释：他说这个版本的挨打幻想并不是原初的，而是对稍早无意识阶段的意识化替代"（Freud,1974：139）。

总而言之，她提到："在分析中，女孩对于挨打幻想只给了最粗略的描述——通常充满了羞耻及阻抗的迹象，而且是以简略而隐晦的暗指形式，分析师需要在这基础上费力地重构真实的景象。"（Anna Freud,1974：143）。我们仍然不清楚女孩所做的"隐晦的暗指"是否指那些她未察觉的幻想，但听起来更像是它们不得不被"重构"，因为虽然病人知道但却会向分析师隐瞒。诺维克等（Novick et al.,1972:239）基于上面提到的汉普斯特德诊所的资料，得出了这样的结论："挨打的愿望，代表俄狄浦斯愿望，或者可以变成意识化的"，这发生在俄狄浦斯期之后，也正是挨打幻想本身出现的时间——对比于弗洛伊德所认为的更早的时间。在梅尔（Myers,1981）详细描述的个案中，从孩童到成人期间，被父亲殴打的幻想是在自慰时有意识地唤起的。在这一意识幻想后面，一个被母亲殴打的幻想在分析中被揭露。加伦森（Galenson,1981:651-52）以对小孩的观察为基础，描述了"在女孩的心理性欲发展的肛欲期阶段，一种常见的甚至可能是普遍的发展"，即"牵涉到母亲的挨打幻想的前俄狄浦斯形式"，对弗洛伊德来说是"最重要也最

---

❶ 弗洛伊德在几页之后修改这个说法为"一般来说保持无意识"。

关键的"挨打幻想的无意识阶段，在后来的研究工作中并没有得到很多的
关注。

潜在动力与其对"主动"技术的促成

技术

虽然在他 1919 年的论文中，几乎没有任何弗洛伊德获得其临床证明之
方法的参考资料，当描述挨打幻想第三阶段时，弗洛伊德确实说过："当回
应急迫的询问时，病人只宣称我大概在观看。"这种主动的立场是他的技术，
他自己在 1918 年夏所撰写的详细论文《精神分析治疗之路》(*Lines of Advance in Psycho-Analytic Therapy*)（Freud, 1919b）中也如此描述。其中
他以精神医师的身份规划了他的分析任务："为了让病人看到自己无意识的
知识及受压抑的冲动，就要去发现对抗其自我知识拓展的那股阻抗"，而分
析师的工作就是去"教导他"和"为他展示"。

安娜·弗洛伊德于 1923 年的英文版论文中，明确地表述了作为分析师
的相同的主动立场，其中"女孩""被诱导"着去叙述其挨打幻想的经验也
被明确表述了（不像上述安娜·弗洛伊德 1974 年的版本）。早期的英文版本
说："女孩从未具体描述任何个人被打的场景。由于她的害羞及阻抗，她所
有能被诱导说出的是隐秘的暗指，留待分析师去完成与重构原初场景的
原貌。"

父亲-女儿的潜在动力

有关弗洛伊德"诱导"其病人提供精神分析资料，随后被他"完整"或
"重构"得比之后的分析师倾向于去做的更全面，或者是（一些）病人觉得
"受到诱导"或参与到这种性质的互动中的这一观点，会获得更进一步的意
义，一旦我们考虑到安娜·弗洛伊德所描述的是她自己的分析——个案中的
分析师指的是弗洛伊德，而分析中的"女孩"就是安娜。此说法最近在扬·
布鲁尔（Young-Bruehl, 1988）的论文中被证实。对照于早期安娜·弗洛伊
德的自传作者（Dyer, 1983；Peters, 1985），扬·布鲁尔提供了令人信服的

历史数据以支持这一可能性，她认为"几乎是肯定的"。例如，她指出安娜·弗洛伊德的论文是在她见第一位病人的 6 个月前写成的。布拉斯（Blass，1993）通过对这篇论文的仔细研究，基于文本本身最终确定安娜·弗洛伊德所描述的被分析的女孩就是她自己。举例来说，安娜·弗洛伊德在论文中告知我们的细节，是只有当她自己是那个被分析的病人时才会知道的细节。

在此，我们处理的不只是弗洛伊德对挨打幻想及白日梦的分析这一事实的看法和理解，还有并行的经验和对其病人安娜·弗洛伊德的了解。安娜·弗洛伊德将让"女孩"去做对她的挨打幻想哪怕只是"隐晦的暗指"时所包含的困难，对比于当她叙述她"美好的"白日梦时的轻而易举："与此缄默成对比的是，一旦克服了最初的困难之后，她过于热切地，生动地谈论她美好的故事（白日梦）的各种幻想情节。事实上，给人的印象是她从未尝试过说，而一旦开始说，她就体验到了一种类似或甚至比白日梦带来的更多的愉悦感"（Anna Freud，1974：144）。在说到女孩"过于热切地"向分析师叙述她"美好的故事"时，安娜·弗洛伊德清楚传达的是她与分析师一同分享白日梦时（太过于?）不受约束的热忱或热情。这一抹批评的色调（后悔?）在 1923 年的版本中被去除，其中她仅简单地写了女孩谈论她白日梦时的"渴望"。

在她热切地讲述白日梦时，因此也重复了幻想它们时所获得的愉悦，病人在分析设置中将之行动化，不只是经由她叙述时所制造出来的气氛，而且也通过叙述时内容传达的方式。例如，在大多数白日梦（或是"美好的故事"）里，骑士和年轻人是两个主角，年轻人是骑士的俘虏，而且从来不是真的想要逃走。年轻人在这些"美好的故事"中，不断地受到被惩罚的威胁，因为他不肯泄露他（家族）的秘密，而骑士则胁迫他说出来。这些"美好的故事"与挨打幻想都有一段害怕与紧张增强的时段，两者之间的主要差异则在于它们的解决，"在幻想中是由殴打解决，而在白日梦中是宽恕与和解"（Anna Freud，1974：149）。

所有这些白日梦发生"在相当真实、栩栩如生的、戏剧化的动人场景中。每一次，做梦者都会经历受威胁的年轻人的焦虑和刚毅的无尽兴奋。当施虐者的愤怒转化成怜悯和慈悲的那一刻——也就是说，在每个场景的高潮处——兴奋感就把自己融入到了一种幸福当中"。

布卢姆（Blum,1955:43）提醒我们："在治疗中，白日梦总是有一个移情的维度，而病人对白日梦的态度、讲述白日梦的方式、做白日梦的风格，皆充满了意义。"弗洛伊德作为分析师必定早就意识到，在分析中通过白日梦表达的内容和方式所呈现的这种父亲-分析师、女儿-分析者的复杂关系。然而，在试图主动地——也许是急切或用力地——"展示"、"教育"和诠释，以剥去白日梦的"美好"的过程中，弗洛伊德忍不住会去扮演其病人故事里的骑士。这确实是安娜·弗洛伊德在 1924 年 1 月 25 日写信给卢·安德烈亚斯·萨洛米（Lou Andreas-Salome）时，所描述的她的体验以及令人沮丧的治疗结果："我对这么无以为力改变且强烈迷人的白日梦感到相当惊讶，甚至当它——我那可怜的白日梦——已经被扯断、分析、发表，以及被各种方式不当处理与对待之后。我知道这是很可耻的……可是它却相当美丽，并带给我极大的愉悦。"（由 Young-Bruehl 引用）

无怪乎"女孩"想要为她的困境——被白日梦过度占据——找到解决方法，即通过把她其中一个"美好的故事"书写下来，也就是说，试图与除了她的分析师——父亲以外的人沟通。这个尝试的解决方法——由布拉斯（Blass,1933）阐明，他还指出了来自她白日梦里的其中一个书写故事的重要偏差——只可能失败。

弗洛伊德必定已经察觉这种分析关系会给他们的生活带来很多麻烦和困难。这一点在他 1919 年关于技术的论文中表现得很明显，他选择特地说明其中一项改进中的"相当明确的流程规则"，是分析技术新领域必须重新检视的。这个"基本原则可能会主宰我们在这个领域的工作……内容如下：分析治疗应该尽可能地在剥夺情况下——在一种节制的状态下进行"。因此，除了相当用力地处理其病人安娜的阻抗之外，弗洛伊德也意识到，必定也曾实践过，至少在分析设置的背景下，比他额外承担她的分析师角色之前他们关系中所惯常有的更大程度的节制。这不只是对他的病人，无疑也是对他自己的一种剥夺。从某种意义上来说，一旦分析开始，父亲就不完全是一个父亲了，因为他也成为了分析师，正如他也不完全是个分析师，因为无法放下父亲这个角色。当弗洛伊德在《一个被打的小孩》中宣称，就分析工作而言，"理论知识对我们所有人来说仍然远比治疗上的成功要更重要，任何忽略童年分析（消除童年失忆症）的人都必然会招致无可挽回的（理论）错误"，他不只是在让他自己与对其女儿的担忧保持距离，而且也在表达可能会出现在治疗和研究之间的冲突性目标。

安娜·弗洛伊德和其他病人的分析

所以，不仅是分析，包括研究在内，都受到了无可避免的偏见的影响。将把特权地位归属于最小的孩子，缺乏对原初场景暴露的参考，降低了对"性"的强调并将母亲排除在外，以及最后强调挨打幻想第二阶段的无意识本质，所有这些都与这种父亲-女儿分析的互相行动化有关，影响了技术，促成了实践。通过考量这两个论文及其呈现出的主题和背景环境，可以辨识出这些偏见以及它们是如何产生的。因为牵涉到父亲与女儿，其潜在的动力会比当时的其他分析在移情与反移情中所表达的更直接和更强烈。不过相似的偏见肯定已经牵涉其中了：尽管弗洛伊德和他的女儿始终保持着女儿的特权地位，因为在与父亲的关系中，弗洛伊德的孩子里只有安娜与他进行过分析，但他的其他许多来自朋友圈和熟人的病人也拥有（或支持）一个虽然不那么显而易见的类似的"特权地位"。此外，弗洛伊德的主动性技术达到了它的目的——安娜确认了挨打幻想（被父亲殴打？）是她个人经验的一部分。这个技术的施行可能既增加了压抑（例如，关于母亲在前俄狄浦斯期所扮演的角色）和阻抗，又激发了一种去主动（虽然犹豫不决地）保护秘密的欲望，使他们"精疲力竭"（beaten out）。当相同的技术应用到其他病人身上时，也会有类似的效果，即便是比较轻微的。在这里看来，病人和分析师对特定主题（原初场景、母亲的角色）的排除或淡化处理，发生在由主动的"展示"和"教导"所引导的分析中，而且进一步说，对于主题的直接的彼此行动化，成为了分析中明确考虑的问题，留下很少的空间给那些看起来不相关、不"连结"的部分（Freud,1919:186）。从本质上说，这种不连结性及共谋的回避、分裂，以及其他机制，在此分析中比在其他分析中更有必要❶。但是，正如在弗洛伊德的论文中所说（和未说出）的内容，相同的趋

---

❶ 西蒙（Simon，1992）提出了对家人或熟人的分析中的"象征性乱伦"问题。

势在一定程度上也出现于其他的分析中。

阿施（Asch,1981:653）评论说，弗洛伊德的论文"在分析理论的发展上构思得太早了"。一旦我们将这篇文章视为弗洛伊德作为对分析者——女儿主动的、教导的分析师角色的一种行动化，就可以理解为何弗洛伊德必须在这个时候去构想了。

学习和教导的相关评论

本人针对安娜与弗洛伊德发表的文章之间关系的讨论、为研讨会事前准备的描述，以及最后遵循我自己"隐藏的思路"的方向，为我们教学机构中有关学习及教学的相关评论抛砖引玉。

越界（Transgression）。在为家人或朋友分析时所衍生出来的问题——难以维持界限并导致越界——可能比我们愿意想象的要更接近我们的门槛，如果考虑到分析中的精神分析受训者。允许我们自己对"祖先"较极端个案的"越界式"调查分析，我们可能会更直面当我们与学生做分析时所犯的错误。扬·布鲁尔（Young-Bruehl,1988）称，安娜·弗洛伊德认为，卢·安德烈亚斯·萨洛米（Lou Andreas-Salomé）是她的分析师这一误认"之所以持续存在，是因为人们对她父亲是她的分析师这样的想法感到蒙羞"。我注意到我的一些读者，即便没有感到蒙羞，可能仍认为对那个分析的方方面面进行仔细考量（正如我所做的）是不妥或没有必要的，并建议（正如我所建议的）这里所讨论的问题可以在一次研讨会中聚焦。

然而，加伯德（Gabbard,1995）在他最近对精神分析中界限违例史的检视中，显示出从这些早期越界中学到的教训的价值有多大。他还谈道："在当代精神分析实践中解决这些困境的制度性阻抗，可能部分与训练分析本身的界限模糊有关。"如今在我们的机构中，一些维持界限的困难在教学框架中是固有的，即常常会要求训练分析师做他或她的分析者的老师。不管是直接指出的还是在研讨会过程中暗示的，通过研究更极端的案例以直面这些棘手的问题——揭开了相关的、恼人的、始终存在却又"隐藏的问题"（Gardner,1994）——促进了对培训分析的固有局限性的觉察及重新审视。

隐藏的问题。这类问题是常伴我们的问题，正如我在这里所展示的，其根源及影响可能早在进入课堂授课前，在我们准备研讨会的过程中就已经存在了。在我重复阅读《一个被打的小孩》的过程中，对其文本的各种反应浮现出来，诸如感到索然无味或提不起劲、不愿投入其中，以及对文章毫不留情的批评。当我到达了自己的转折点时，我便意识到强化这些反应的个人缘由（Eifermann，1996b）。我不愿意去面对或即使只是去识别那些文本所唤起的我的"隐藏的问题"，也不愿意通过我对这里讨论的两个文本之间的关系的考量公开这些问题，即使是间接地接受公众的监督。这些未被认出的源头是一直都存在的，既产生抑制又令人启发：没有一种学习是无冲突的。加德纳（Gardner，1994）在他最近的著作中提到了"隐藏的问题"在任何学习与教学过程中的核心地位。他说："我已反复发现我的学生及我心中隐藏的问题，就像我们对它们的反应一样，都是一种我们既想提升又想阻碍对其进行了解的倾向的复杂表示。"在我们自己和我们的学生中意识到这种复杂性，可能有助于我们更愿意接触这些问题，尤其是在学习与教学的过程中为它们提供空间。

当然，更困难的是，当在研讨会上教一大群人时，要对个人激发出的隐藏问题进行调和。无怪乎当两位优秀教师被要求写下他们如何为国际精神分析教学（Gray，1995；Joseph，1995）时，他们选择了主要聚焦个人督导的情况。

"展示""劝诱""引诱"与"搞清"（beating out）。我对这次研讨会的准备过程的描述，是基于我们学校（和校外）的其他教师都有类似经历的假设，最终引导我来到了此处的发展观点。经历了学习和再学习这样密集而长期的过程之后，有效地提醒了老师及学生们，真正的学习需要大量的投入。填鸭式的摘要或综述，因为它们可能是有用的组织性材料，并且也节省了不少工夫，常常成为学习与教学的首选模式。我们试图在一个不可能顺利、容易的过程中回避内在的困难，却使我们的教学不尽如人意。我们也许会陷入一种过于主动的教学方法，令人信服地去展示，也许会诱导学生接受我们的观点——或甚至引诱我们的学生相信我们的观点是他们自己的；的确，我们可能让他们屈打成招（beat it out of them）。因此，我们可能会剥夺学生探究的特权，使他们处于一种不知情的状态中，或者剥夺他们铺平自己道路的自由，以及剥夺了我们自己的，当了解到他们的道路可能是怎样时，感到惊讶的特权。与精神分析过程相似的平行——"主动的"或其他方式——并不难找。

过于热心或是一种对教学的"狂热"。 正如在精神分析实践中，过于热心地想要去治疗或研究（难道弗洛伊德的《一个被打的小孩》不是陷在这样的热情中吗？）会适得其反，同样地，狂热的教学也不太可能达到想要的结果。对一位极度热心的老师而言，其认为的最重要的问题可能在学生看来一点也不重要。必须要考虑到在我们学院参加研讨会的人几乎都处在分析中这一事实。是什么个人问题，或许是当时每个人的紧急问题，为他们对于精神分析的关注以及如何关注的方式中引入了一种强烈的偏见呢？另一个核心的、很容易发现的影响就是类似研讨会的影响，尤其是如果有人刚参加过这样的研讨会，携带过来的东西通常很明显，而一个粗鲁的转换可能是不受欢迎的。加德纳对此联系评论道："我发现自己一再地推动更吸引我自己而不是我的学生们的主题与进程。"我们的浓厚兴趣可能会使自己看不见学生的兴趣，意识到学生的兴趣或许会避免提出某些问题或事项，所以我们的热心可能会限制自己和学生的观点。我们可能不慎制造出了一种紧张及反抗的气氛，激发出"被错误地处理及对待"的感觉。

谨记这些警示，就不会不明智地仓促参加一个研讨会，在我的热情稳定下来之前，也不会迫切地教授"《一个被打的小孩》的特殊地位"了。

参考文献

Asch, S. 1981. Beating fantasies: Symbiosis and child battering. *Int. J. Psychoanal. Psychotherapy* 8:653–58.

Blass, R. B. 1993. Insights into the struggle of creativity—A rereading of Anna Freud's "Beating Fantasies and Daydreams." *Psychoanal. Study Child* 48:161–87.

Blum, H. P. 1995. The clinical value of daydreams and a note on their role in character analysis. In *On Freud's "Creative Writers and Daydreams,"* ed. E. Spector Person et al., 39–52. New Haven, Conn.: Yale University Press.

Chasseguet-Smirgel, J. 1991. Sadomasochism in the perversions: Some thoughtson the destruction of reality. *J. Amer. Psychoanal. Assn.* 39:399–416.

Dyer, R. 1983. *The work of Anna Freud.* New York: Jason Aronson.

Eifermann, R. R. 1993. Teaching and learning in an analytic mode: A model for studying psychoanalysis at university. *Int. J. Psycho-Anal.* 74:1005–15.

———. 1996a. Ambivalent sibling rivalry: Latent concerns in Anna Freud's candidacy paper. In *Psychoanalysis at the political border: Essays in honor of Rafael Moses,* ed. L. Rangell and R. Moses-Hrushovski, 133–45. Madison, Conn.: International Universities Press.

———. 1996b. Uncovering, covering, discovering analytic truth: Personal and professional sources of omission and disguise in psychoanalytic writings and their effects on psychoanalytic thinking and practice. *Psychoanal. Inq.* 16:401–25.

———. 1997. Countertransference in the relationship between reader and text. *Common Knowledge* 6:155–78.

Eifermann, R. R., and Blass, R. B. 1992. Manifeste und latente Inhalte in Anna Freud's "Schlagephantasie und Tagtraum." Presented at the international symposium *Über Masochismus,* Munich, 1992.

Freud, A. 1922. Schlagephantasie und Tagtraum. *Imago* 8:317–32.

———. 1923. The relation of beating-phantasies to a day-dream. *Int. J. Psycho-Anal.* 4:89–102.

———. [1922]. Beating fantasies and daydreams. *The Writings of Anna Freud.* New York: International Universities Press, 1:137–57 (1974).

Freud, S. 1907. The sexual enlightenment of children. *S.E.* 9.

———. 1908. On the sexual theories of children. *S.E.* 9.

———. 1919a. A child is being beaten. *S.E.* 17.

———. 1919b. Lines of advance in psychoanalytic psychotherapy. *S.E.* 17.

———. 1925. Some psychical consequences of the anatomical distinction between the sexes. *S.E.* 19.

Gabbard, G. O. 1995. The early history of boundary violations in psychoanalysis. *J. Amer. Psychoanal. Assn.* 43:1115–36.

Galeson, E. 1981. Preoedipal determinants of a beating fantasy. *Int. J. Psychoanal. Psychotherapy* 8:649–52.

Gardner, M. R. 1994. *On trying to teach.* Hillsdale, N.J.: Analytic.

Gray, P. 1995. My teaching self. *Int. Psychoanalysis* 4:21–23.

Joseph, B. 1995. How do I teach? *Int. Psychoanalysis* 4:23–25.

Joseph, E. D. 1965. Beating fantasies. In *Monograph I of the Kris Study Group,* ed. E. D. Joseph, 30–67. New York: International Universities Press.

Masson, J., trans. and ed. 1985. *The Complete Letters of Sigmund Freud to Wilhelm Fliess: 1877–1904.* Cambridge, Mass.: Harvard University Press.

Myers, W. A. 1981. The psychodynamics of a beating fantasy. *Int. J. Psychoanal. Psychotherapy* 8: 623–47.

Novick, J., and Novick, K. 1972. Beating fantasies in children. *Int. J. Psycho-Anal.* 53:237–42.

Peters, U. H. 1985. *Anna Freud.* London: Weidenfeld & Nicolson.

Simon, B. 1992. "Incest—see under Oedipus Complex": The history of an error in psychoanalysis. *J. Amer. Psychoanal. Assn.* 40:955–88.

Young-Bruehl, E. 1988. *Anna Freud: A biography.* London: MacMillan.

一个幻想的建构
——重读《一个被打的小孩》

马塞洛·N. 维尼拉❶（Marcelo N. Viñar）

在 1996 年发表一篇关于弗洛伊德 1919 年的著作的评论并不像看起来那么简单。这篇文献孵化出了多元的地域文化，与不同流派及个人风格之间的竞争，目前造成了一种精神分析运动内部的语言的混乱，如果我们不是仅仅在原著上加上雨后春笋般的文献资料，那么必须明确说明我们的观点。与此同时，重要的是不要以任何正统的名义，去扼杀读者或是作者的新鲜感，以及对弗洛伊德作品的口述或书写传播方式的可能的创造力。我会尝试区分弗洛伊德原文的解释，以及我被他的论文所激起的思想的表达。不过，两者之间没有明确的界限划分。如今，读弗洛伊德不再只是背诵他的文字，而是与他的思考进行对话，把他的想法带入当下。不管我们阅读教规式文本的举动是明智的还是愚蠢的，我们都会同意，作为作者，我们都会使用它作为参考文献来表达我们内心的担忧、思考以及我们希望探究的东西，这不可避免地导致了方法的多样性，正如这一专题论文的概念和结构必然所反映的那样。

与弗洛伊德作品对话所引起的另一个困难源自同样的根源。弗洛伊德声明并强调一个或两个核心思想（在这里是倒错与受虐癖的起源），而且，在他寻求综合与系统化的过程中，他在各方面展现出了永无止境的探险家精神，以至于读者在跟随弗洛伊德的思想演变中，很可能会遇到吸引其注意力的主题，而这是超出作者明确提出的焦点的。

这就是我对这一特定论文的体验：在倒错与受虐癖的表面主题中，我发

---

❶ 马塞洛·N. 维尼拉（Marcelo N. Viñar）为乌拉圭精神分析协会之终身会员与训练及督导分析师。

现了幻想的起源及其架构的一个无比清晰的关键——也就是，主体的形成——从弗洛伊德经验的变迁中浮现。

讨论究竟是什么构成了弗洛伊德一篇文本的核心主题，无论是《一个被打的小孩》还是其他任何作品，都绝对不是毫无意义的。弗洛伊德作品的理论阐述，可能可以在某些方面比拟为分析工作中那些富有成果的时刻，当试图说一件事时，病人或分析师实际上却说了或发现了其他的事情。

我们还好不容易地学会了把弗洛伊德的概念放在随时间的推移而逐渐发展的背景中去考量：它们的形成不是单性生殖的瞬间行为，而是缓慢地一步步进化、时而陷入矛盾之中的过程，其中弗洛伊德以他特有的方式，结合了其凝聚系统化的能力以及一个不知疲倦的探险家的游牧精神。就我个人而言，《一个被打的小孩》就是一个综合了漫游与凝聚的范例。

然而，对于具有 70 年历史的文章，想要诠释和评论它的人所面临的最大困难是，在其完成之后持续的文化转型的令人眼花缭乱的步伐。人类学家与历史学家越来越强调，当一个人在靠近和理解一个文本时，允许作者与读者之间存在的文化差异所产生的效果的重要性。每部文本的意义都来自特定的文化代码，而每个术语的意义与共鸣取决于相关的诠释、文化和科学的共同体的特定视角和解释立场。

因此，不可避免地，弗洛伊德论文中的两个核心概念，即倒错与受虐癖，在我们各种声音混杂的时代中所产生的回响与在 20 世纪 20 年代维也纳时代的意涵迥然不同。正如历史学家妮科尔·洛罗（Nicole Loraux，1994）所言："我们必须冒着当下的炮火去调查过去。"对于盛行于 70 年前的性与文化之间的关系代码，现代人是否能够解读呢？常态与病理性欲之间的区别，在当时是固定不变的，而现在至少需要去明确其定义的标准。再者，我很怀疑分析师群体中关于精神分析是否能够或是否应该执行规范的、分类的功能这一点有无达成共识。

在《一个被打的小孩》中，倒错与受虐癖的临床治疗是从生理构造以及在俄狄浦斯情结变迁过程中身体性欲带的角度来考虑的。10 年后，在《一个幻想之未来》（*The Future of an Illusion*）（Freud，1927）与《文明及其不满》（*Civilization and Its Discontents*）［Freud，1930（1929）］中，重点则转向了性欲与文明之间的接口（interface）。

在我们自己的时代和文化中，丹尼尔·吉尔（Daniel Gil，1996）对西方世界道德感的起源进行了大规模的研究，强调了愉悦、内疚感与原罪之间的关联。内疚感似乎不仅是愉悦的成因，而且是其必要的条件，所以性欲更多地变成了一个文化问题，胜于任何生理构造的精神病理学问题。

受虐癖及性偏差的概念化，从一开始就已经是精神分析师们的一项任务，可是如果我们僵化地遵守原来的规范，并采用夸张的正统态度，那就是我们的疏忽了。必须考虑到《一个被打的小孩》的写作背景与我们自身的处境之间在时间、语言及文化的鸿沟，不仅要清楚说明这些差异，还要阐明我们今天所使用的诊断标准。测量 20 世纪 20 年代的维也纳与我们现在的地球村之间的差距，无论多么必要，都是一项非常艰巨的任务，可能要耗费一辈子的时间。我们至少要记住弗洛伊德的格言：如果无法看清楚，我们至少应该更清楚地意识到这种模糊。

今天关于性与文化之间关系的观点，比弗洛伊德时代流行的观点更加多元化，那时候的标准医学观点对正常与病态之间的两极化提供了一定的引导作用。当新性学的精神病理学（McDougall，1980）在精神分析师的治疗室里冒头时，精神分析本身帮助摧毁的维多利亚式清晰的（尽管愚蠢又虚伪）道德戒律，证实并没有被一种全新的、同样连贯的框架所取代。

在世界末日启示下的当今，人们很难就性问题达成共识，这个领域现在正处于动荡之中，因为不服从的少数人寻求越轨的合法化，并挑战被承认的医学及法律智慧。作为精神分析治疗的用意和目的，正常化似乎已经不再是最可靠和最有效的成功标准了。如果像弗洛伊德所说的，治疗效果也是需要的，那么就倚靠我们现在加深认识性欲的位置、它的病理学，以及它在心智生活中可能的创造力了。

作者与读者之间

虽然根据论文的副标题和史崔齐（Strachey）的评论，《一个被打的小孩》的主题是倒错的起源，以及驱力到它的被动形态（受虐癖）的转换，我在重读的过程中，被弗洛伊德在意识与无意识系统之间的关系中讨论幻想的架构——也就是，被他所称为的 *Schlagephantasie*（挨打幻想）（Freud，1919：179）的"转型"——最深切地打动了。弗洛伊德描绘并"依序放置"一连串的三个阶段，形成了主体位置的辩证运动中的连接，其中压抑与俄狄浦斯行为的弃绝作为造成"相互关系与结果"的根本解释因子（Freud，1919：186），借此，所观察到的临床阶段就与一个可理解的内容及转型的链条整合在了一起。

在这个可能是未完成或无法完成的关键文本中，弗洛伊德讨论了幻想的工作，并在意识现实与无意识愿望中的现实之间建立了一种两极性，不是作为一种形式上的抽象，而是直接来自于他病人的材料。此文本的一个显著特征是叙事中强大的场景元素：其暗示的视觉方面是意义建构的一个有效组成。

《一个被打的小孩》如此重要的另一个理由是，它显示了弗洛伊德是如何将可观察到的临床工作，与元心理学—调查者的推测行为和心理建构相结合，从而使观察到的事实可以被解释，使其从混乱中得以保存。然而，他的论证并非实证科学所使用的那一种。弗洛伊德的目标是意义的产生，这一点是不言而喻的，他不渴望实证主义自然科学所要求的确认和验证，从这里与这些标准分道扬镳。

例如，第二阶段的"我正在被我的父亲殴打"，弗洛伊德坚称是所有阶段中"最重要和最关键的时刻"。可是我们可以在某种意义上说，它从来没有真正存在过。它从未被记住，也从来没有成功地进入过意识。它是一种分析的建构，但同样也是必要的。这个段落构成了弗洛伊德打破临床医学的自然现实主义的一个明显例证，展现了分析观察与理解的特殊性。虽然同一篇论文中的其他地方，他采用了普通的临床风格，强调的是观察个案的统计学因素，但是在其解释的这个关键而决定性的时刻，他的论点不是统计学的而是逻辑学的；这个公式是根据其推理的内在协调的需要，而不是将所涉及的观察数据作为证据考虑。

雅克·拉康（Jacques Lacan，1994，bk.4）对此文本发表评论，认为这些阶段的顺序是逻辑的而非遗传的。他将第一阶段描述为"任命"（nominate）及三角关系的，和主体的历史紧密相连。它的特点是讨厌的对手，通常是兄弟姐妹；在处罚者父亲与受害者之间，主体起到了象征性调停人的作用。幻想的目的（telos）是明确的：将对手从爱的地方逐出，使主体可以占有特权之位，位于被爱及渴求的宝座上。主体自己则站在与其他两个主角的关系中。由于其三角特性，象征化的工作表达了当下丰富的主观性（subjective）和三元主体间性结构。这种三元关系的丰富性是神经症幻想的特征。

从第二阶段开始，主角的数量减少到两名——主体与处罚的父亲。这种情形局限在一个施受虐的循环中。

第三阶段的突出特点是舞台上角色的淡化与模糊，或者甚至是把他们从舞台上移除，以及构成他们的象征化工作。父亲被转变成一个替代者，受害者变成匿名或人数倍增，而主体自身则简化为一只眼睛，一个漠不关心的旁观者，不再是介于处罚人与受害者之间的象征性调停者。

拉康认为这种象征化的失败（主体及舞台上人物的淡化和模糊）在幻想与倒错结构中是必要的、具体的。虽然代表人物与戏剧动作都是一样的，但是一个去主体化（desubjectification）的过程已经发生了，因为他们已不再受到神经症组织的主体功能的支撑。

拉康得出了结论，弗洛伊德的著名格言"神经症是倒错的反面"不应被解读成倒错清楚地展示了隐藏在神经症中被压抑的部分，而应该理解为这种对立是与幻想组织的内部结构相关的，幻想组织是三元的，涉及的主体在神经症中是完整的，但在倒错幻想中被去主体化和被淡化为匿名的主体。

幻想的结构

富有成果和说服力的不仅仅是弗洛伊德以其特有的热忱与坚韧而描述的这三个阶段的内容，还有他所称的这三个阶段的"相互关系和序列"，其辩证法有助于理解的统一（Freud，1919：186）。

第二阶段，是无法观察的，如果不是弗洛伊德强加了一个必要的结构给它，应该还保持着一种武断的、一知半解的与反复无常的唯我论——不是以现今的临床观察的角度，而是依据其元心理学假设——因此实现了对叙述的统一理解。这是弗洛伊德式诠释（*Deutung*）的精髓（the *eureka*）。在一个巧妙的解释中，弗洛伊德将俄狄浦斯机制与性心理学发育过程结合在一起，解释了从痛苦到喜悦的转化之谜。他因此寻求解决这个悖论。

弗洛伊德论证的基础是结合了乱伦欲望的内疚感与一种回到前生殖器阶段的退行，在前生殖器阶段，快乐是先天施虐的："这种挨打就成为了一种性爱与内疚感的混合体。这不仅是对禁忌性的生殖关系的惩罚，而且也是这种关系的退行性替代品……至此，我们第一次掌握了受虐癖的真髓。"（Freud，1919：189）

这里有两种可能的立场：解释可能被认为是正确的和精密的；寻求详述、补充，或可能被认为无关的反驳。我觉得不需要去拥护任何一种。在阅读的过程中，我只能让自己再一次地去感到惊讶与着迷，因为弗洛伊德赋予了人类精神生活中性爱的未知方面以极大的重要性——尤其是以其浑浊与谜一样的方式骚扰（harass）及挑战着这个话题，正如他在行为及思想上也在受苦并享受着它们。

换句话说，这篇著作的价值不仅在于其结果的精确性，而且在于它所关注的是心理生活的一个看起来微不足道的细节。主题本身的具体治疗和它的发展方式比答案的正确性来得更重要。弗洛伊德将前生殖器期性欲放在它最晦涩和最神秘的临床表现的背景下，而且当他处理这些未知的领域时，他成功地实现了理解的目的。

在弗洛伊德文本中缺少的一个元素，从今天的观点来看可能是一个核心方面，即对于病人在知识产生中所处的位置及其扮演的角色的考量，而不是仅仅作为一个抱怨的载体。毕竟，即使研究者的建构在解释受虐的起源时绝不会被弃用，问题肯定还是要去确定受难主体所直面的困境，即主体无法满足但又不愿放弃的这一种刺激，像是恶魔的诱惑一般一再出现，主体自己无力解决。主体被暴露在其幻想中明枪暗箭的矛盾中，却无法达到他在精神生活的其他层面上所达到的一致性。这种心理生活的矛盾面会胜出，而且具备特殊的能力去骚扰这个主体。

我个人的日常生活和临床经验，并不能证实弗洛伊德所宣称的挨打幻想是普遍存在的。难道它仅仅是一种转瞬即逝的现象吗？或许当时正规的"黑色"教学，已被现今更纵容的模式所替换，在这种模式里，与小孩有关的真正进步中混杂着一种佯装（sham）的态度，教育权威没有改变角色，但已被淡化及失去效力。成年人和孩童之间的辩证，虽然费劲且矛盾，但却充满活力，而且不妨碍成人持有自己清晰的价值观和信念（无论多么的错误），这与以拥护自发性的名义下的退缩、弃权或含糊不清的姿态是不一样的。不管怎么说，虽然现在没有那么多的人读过《苏菲的不幸》（*Les Malheurs de Sophie*）及《汤姆叔叔的小屋》（在弗洛伊德 1919 年的文章中被提到），可是施虐行为却是丰富而尖锐的，不只是在小说里，而且在现实中。电视传播的恐怖信息随处随时都有，而不幸的是，现实往往比小说更可怕。

如果刺激改变，它的比喻性表达也会改变。弗洛伊德的担忧仍然是有效的，尽管表象可能不一样，我们今天的文化仍然在其核心保留着它的施虐色情狂的（algolagnia）普遍心理体验——通过痛苦的方式获得性兴奋——即使不再以挨打幻想的形式存在。

寻找快乐是精神生活中一个重要的组成部分，但在常识面前并不具有说服力。令弗洛伊德着迷的是快乐与痛苦的神秘结合。他采用了简单而有洞察力的方法，聚焦在一种普通的、频繁的、构成典型白日梦的体验上。它所提示的普遍性并不是显而易见的，因为这种现象只出现在弗洛伊德的精神分析设置和临床风格下的亲密关系中。虽然到了今日，这种幻想在表象和结构上都存在着差异，但是根据每个人自己的心理病理学以及所在的特定文化所偏爱或抑制的表达方式，他们对待自己受虐方式的兴趣一点也没有衰退。虽然表达的形式改变了，但谜题的结构元素仍然存在。

关于文化背景与幻想作品的本质之间的关系，很重要的一点是，弗洛伊德当然拥有区分生命体验（自传）及幻想活动的概念工具。他说，挨打幻想是独立于"真实的肉体惩罚的"：涉及的每个人"都很少在孩童时期挨打，或无论如何也不是被棍棒打大的"（Freud，1919：180）。

有没有病人的观点呢？

病人好奇并询问我们如何以及为什么某些表征会带来拒绝、厌恶或是既令他恐惧又同时吸引着他并且重复强迫地占据在他的心中——有时候就像强迫性神经症的强迫行为那样的夺目和持续，推动他去重建幻想，其中痛苦与兴奋变成模糊不清、模棱两可、可能是二价的轮廓（bivalent outlines）。拉康（Lacan）注意到影像的心理使用（伴随愉悦而不是内疚感）与口述方式（引起反感、排斥及内疚感）之间的细微不同。这一界限在于行为：幻想在心理上演出和说出来是两码事（Lacan，1994：113）。

重要的是要留意这类题材的出现，不是为了研究色情（我们的工作也将我们暴露在其中），而是因为有时候——或许甚至是经常——心理上一连串的受虐幻想与升华行为是相附相依、互相作用的，而且因为它们的修通，经常会开辟蹊径，获得有益的心理成就和改变。

至于直接与反向的俄狄浦斯情结中的三角空间，当弗洛伊德在这里对受虐癖假定的是一个三元组合（triptych）（其中决定性的核心人物是推测出来的，而非可观察的）而不是单一人物时，他是在描述一种运动，其可转变性与其固有的特征同等重要或更为重要。这种情况类似于音乐，旋律比其组成的音符更为重要。

这里有两种同时存在的行为。①施加暴力方与承受暴力方的主动-被动的一对行为;②主体的两种位置的行为：在压抑阶段作为暴力场景中的核心主角，以及在意识阶段作为一个被动的、不卷入其中的旁观者。如果分析治疗的目的在于让无意识意识化（虽然我不同意这一冒险的公式），这将意味着，主体必须被放在或陪同在承担责任的中心位置，而不仅仅保持在一个旁观者的位置。

在第三阶段呈现的场景中，行为的主体是匿名的、多变的，或是不稳定的，弗洛伊德（Freud，1919：185）认为第二阶段是"所有阶段中最重要和最关键的阶段"，假设了真相位于最经常避开的部分。在意识阶段，幻想的人从来不是施打者或是挨打者，而分析运作的目标是要去撤销淡化，把主体带至他以为自己被排除的中央位置——也就是说，来到一个参与的位置且承担起对暴力的施与受的责任。

意识阶段的"从不"似乎预示了弗洛伊德 6 年后发表的关于否定（negation）的论文里所阐述的"不"（Freud，1925）。而投射的概念，弗洛伊德从史瑞伯（Schrecber）个案起就已处理过，在我们讨论的这篇论文中没有提到。

作为一个渴望解释事实、不安分的研究者，弗洛伊德并没有明确其病人的立场，他的病人不仅身受症状所苦，还必须对其进行理论化以便克服它。这种"一个人"（one person）的精神分析方法受到了许多学者的批评，并被威利与马德琳·巴朗热（Willy&Madeleine Baranger，1961—1962）的两人领域（bipersonal field）的概念所超越。

总之，对弗洛伊德进行的挨打幻想研究我感到很满意，因为它确实揭露了一个普遍的人类本质中的残酷面，不只是局限在一种驱力的内在因果关系和个人的内部世界里，而且涉及一个包括父亲和文化在内的超个人（transpersonal）动力。毕竟，人格的多面性实际上是位于挨打幻想中最私密与最不愿意承认的秘密当中的。

此篇讨论挨打的论文包含了一个与行动相关的问题，即暴力的施与受，以及第二个问题，即受害者与加害者的身份在外部人物（匿名角色或家庭成员）与幻想者自己之间波动，幻想者制造了这个幻想，为了拒绝担负自己对此场景的责任，甚至到了否认自己原创作者身份的地步。当弗洛伊德提及"所有阶段中最重要和最关键的阶段"时，他转而指向的是分析工作的方向：从幻想者的"从不"到作者的地位——也就是责任。这是否仅仅与倒错的起源有关联，还是说是一种人类对于无法忍受的暴力的普遍态度？这个介于关注与弃权之间的摆动模式不仅适用于性施受虐癖，而且还可以将其视为一种社会领域中暴力的普遍基础。

参考文献

Baranger, W., and Baranger, M. 1961–62. Problemas del campo psicoanalítico. Kargieman/*Revista Uruguaya de Psicoanálisis* 4(1).

Freud, S. 1919. A child is being beaten. *S.E.* 17.

———. 1925. Negation. *S.E.* 19.

———. 1927. The future of an illusion. *S.E.* 21.

———. 1930 [1929]. Civilization and its discontents. *S.E.* 21

Gil, D. 1996. São Pablo: *La carne y el espíritu*. Unpublished.

Lacan, J. 1994. *Le séminaire*. Paris: Editions du Seuil.

Loraux, N. 1994. Entrevista de la prensa. *Le Monde Diplomatique.*

McDougall, J. 1980. *A plea for a measure of abnormality*. New York: International Universities Press.

专业名词英中文对照表

a primary masochism	原初受虐
aggression	攻击
anal erogeneity	肛门情欲
anal eroticism	肛欲情欲
beating fantasy	挨打幻想
castration complex	阉割情结
compromise formation	妥协形成
conscience	良知
constancy priciple	恒常性原则
constructive introjection	建构性内射
countertransference	反移情
daydreams	白日梦
destructuring	解构
ego	自我
egoistic interest	自我中心的兴趣
fantasy/phantasy	幻想
fetishism	恋物癖
genital organization	生殖器组织
id	本我
identification	认同
inversion	性倒置
inverted Oedipus complex	反向的俄狄浦斯情结
genital mother	生殖器母亲
masculine identification	男性认同
masochism	受虐癖
masculine protest	雄性主张
masochistic ego	受虐自我
melancholic depression	忧郁型抑郁症
mirror fantasy	镜像幻想
neurosis	神经症
neurotic phantasy	神经症幻想

object relation	客体关系
obsessional neurosis	强迫性神经症
Oedipus complex	俄狄浦斯情结
parent-child identification	无意识的亲子认同
perversion	性倒错
phallic mother	阳具母亲
phallic stage	阳具期
polymorphous perverse	多形态(性)倒错
post-oedipal development	后俄狄浦斯发展
pregenital mother	前生殖器母亲
pre-Oedipal mother	前俄狄浦斯母亲
primal fantasy	原初幻想
primal scene	原初场景
primary erotogenic masochism	原始情欲性受虐
projective identification	投射性认同
psychosexual disorder	心理性欲障碍
regression	退行
repression	压抑
sadistic-anal organization	施虐-肛门组织
sadistic-anal stage	施虐-肛欲期
sadistic superego	施虐超我
sadomasochism	施受虐癖
self-observation	自我观察
sexual aberration	性偏差
superego formation	超我的形成
the mental representation	心理表征
the pleasure principle	快乐原则或享乐原则
the sadistic intercourse theory	施虐性交理论
transference	移情
voyeurism	偷窥癖